"十二五"国家计算机技能型紧缺人才培养培训教材

教育部职业教育与成人教育司
全国职业教育与成人教育教学用书行业规划教材

新编中文版

3ds Max 2013

标准教程

U0316182

编著／熊　春

光盘内容
67个视频教学文件、练习文件和范例源文件

海洋出版社

2013年·北京

内 容 简 介

本书是专为想在较短时间内学习并掌握三维动画软件 3ds Max 2013 的使用方法和技巧而编写的标准教程。本书语言平实，内容丰富、专业，并采用了由浅入深、图文并茂的叙述方式，从最基本的技能和知识点开始，辅以大量的上机实例作为导引，帮助读者轻松掌握中文版 3ds Max 2013 的基本知识与操作技能，并做到活学活用。

本书内容：全书共分为 11 章，着重介绍了 3ds Max 2013 的基础知识与操作；对象的基本操作；基本体建模；二维图形建模和将二维图形转换为三维模型的方法；复合建模；修改器建模；多边形建模；材质与贴图；灯光与摄影机；环境设置与渲染；最后通过制作客厅效果图案例全面系统地介绍了 3ds Max 2013 在建模、材质、渲染等方面的应用。

本书特点：1. 基础知识讲解与范例操作紧密结合贯穿全书，边讲解边操练，学习轻松，上手容易。2. 提供重点实例设计思路，激发读者动手欲望，注重学生动手能力和实际应用能力的培养。3. 实例典型、任务明确，由浅入深、循序渐进、系统全面，为职业院校和培训班量身打造。4. 每章后都配有练习题和上机实训，利于巩固所学知识和创新。5. 书中实例收录于光盘中，采用视频讲解的方式，一目了然，学习更轻松！

适用范围：适用于全国职业院校三维动画 3ds Max 专业课教材，社会三维动画 3ds Max 培训班教材，也可作为广大初、中级读者实用的自学指导书。

图书在版编目（CIP）数据

新编中文版 3ds Max 2013 标准教程/熊春编著. —北京：海洋出版社，2013.8
ISBN 978-7-5027-8617-5

Ⅰ.①新… Ⅱ.①熊… Ⅲ.①三维动画软件—教材 Ⅳ.①TP391.41

中国版本图书馆 CIP 数据核字（2013）第 150801 号

总 策 划：刘 斌	发 行 部：（010）62174379（传真）（010）62132549
责任编辑：刘 斌	（010）68038093（邮购）（010）62100077
责任校对：肖新民	网 址：www.oceanpress.com.cn
责任印制：赵麟苏	承 印：北京华正印刷有限公司
排 版：海洋计算机图书输出中心 晓阳	版 次：2013 年 8 月第 1 版
	2013 年 8 月第 1 次印刷
出版发行：海洋出版社	开 本：787mm×1092mm 1/16
地 址：北京市海淀区大慧寺路 8 号（716 房间）	印 张：15
100081	字 数：360 千字
经 销：新华书店	印 数：1～4000 册
技术支持：（010）62100055	定 价：32.00 元（含 1CD）

本书如有印、装质量问题可与发行部调换

前　言

随着计算机技术的不断发展，其应用已经延伸到影视作品、建筑设计、广告片头以及游戏动画等多个领域，在这些领域中，应用最多的软件就是 Autodesk 公司的 3ds Max，它通过超强的建模、渲染等功能，可以更好地在各个领域中发挥最大效果。本书是在 3ds Max 2013 版本的基础上，对该软件的各方面操作进行全面介绍。

本书以由浅入深、循序渐进的方式，讲解了 3ds Max 2013 的使用方法，摒弃了教程类书籍理论重于实践的编写方法，通过丰富的实例、以图析文的讲解方式，使用户可以更加轻松地学习全书知识。

本书在写作方式上采取"知识讲解＋上机实训＋疑难解答＋课后练习"的方式，通过实例与知识点的结合，引导用户在每一步的操作过程中，有目的地练习和掌握相关知识，并通过上机实训对该章内容进行巩固和提高；疑难解答模块专为用户解答一些操作中容易出现的困难和疑惑，进一步拓展了该章的知识；课后练习也紧扣该章内容，使用户在学习之后马上对知识进行巩固练习，以便更好地吸收这些内容。另外，书中还提供了一些技巧和提示，对知识点和操作进行了辅助介绍和延伸，具有很高的实用价值。

全书共分 11 章，各章内容分别如下。

第 1 章介绍了 3ds Max 2013 的基础知识，包括该软件的应用领域、制作流程、操作界面、设置界面环境以及场景文件的各种基本操作等内容。

第 2 章介绍了对象的各种基本操作，包括对象的选择、移动、旋转、缩放、克隆、阵列、间隔、镜像、对齐和组操作以及捕捉工具的应用与设置、坐标系的认识与设置等内容。

第 3 章介绍了标准基本体、扩展基本体和建筑对象等基本体建模的知识，包括长方体、圆柱体、球体、圆环等 26 种基本体建模的内容。

第 4 章介绍了二维图形建模的知识，包括二维图形的分类、样条线的组成和创建、可编辑样条线的转换和设置以及多种二维图形转换为三维模型的方法等内容。

第 5 章介绍了复合建模的知识，包括布尔运算、ProBoolean（超级布尔运算）、放样、放样的变形和多截面放样等内容。

第 6 章介绍了修改器建模的知识，包括修改器类型、认识与使用修改器堆栈以及 FFD、弯曲、扭曲、壳、噪波、锥化和网格平滑等修改器的应用。

第 7 章介绍了多边形建模的知识，包括可编辑多边形的转换、可编辑多边形各层级的作用、软选择的应用以及可编辑多边形各层级的各种编辑方法等内容。

第 8 章介绍了材质与贴图的知识，包括材质编辑器的使用、标准材质的应用、多维/子对象材质的应用、其他常用材质的应用、贴图的基本操作与设置、常用贴图的应用以及 UVW 贴图坐标修改器的使用等内容。

第 9 章介绍了灯光与摄影机的知识，包括灯光概述、在场景中添加灯光、灯光的调整和参数设置、各种标准灯光和光度学灯光的使用以及摄影机的分类、创建和设置等内容。

第 10 章介绍了环境设置与渲染的知识，包括背景与全局照明设置、曝光控制、大气效果、渲染帧窗口的使用以及几种常用渲染方法的应用和设置等内容。

第 11 章通过制作客厅效果图案例，全面练习并巩固了全书讲解的相关内容，包括场景设置、对象建模、合并场景、添加材质与贴图、添加摄影机和灯光以及渲染等内容。

本书定位于 3ds Max 2013 的初级用户，适合 3ds Max 爱好者和各行各业涉及使用此软件的人员作为参考书学习，同时也可以作为各大院校、电脑培训班的标准培训教程。

本书由熊春编著，参加编写、校对、排版的人员还有李静、陈锐、曾秋悦、刘毅、邓曦、陈林庆、林俊、郭健、程茜、张黎鸣、王照军、邓兆煊、李辉、张海珂、冯超、黄碧霞、王诗闽、余慧娟、熊怡等。

在此感谢购买本书的读者，虽然编者在编写本书的过程中倾注了大量心血，但恐百密之中仍有疏漏，恳请广大读者及专家不吝赐教。你们的支持是我们最大的动力，我们将不断勤奋努力，为您奉献更优秀的计算机图书。

最后，衷心希望您在本书的帮助下，能够全面且熟练地掌握 3ds Max 2013 的各项功能，制作出高水准的模型和效果图！

编　者

目 录

第 1 章　初识 3ds Max 2013

内容提要

本章主要介绍 3ds Max 2013 的应用领域、基本制作流程和操作界面，掌握自定义界面、使用视图和场景文件的方法。

学习重点与难点

➢ 了解 3ds Max 2013 的应用领域和制作流程
➢ 熟悉 3ds Max 2013 的操作界面
➢ 掌握 3ds Max 2013 视图的使用方法
➢ 掌握场景文件的基本操作编辑

1.1　3ds Max 2013 概述

3ds Max 是三维模型和三维动画的制作与渲染软件，它由 Autodesk 公司开发，是目前使用最广的三维制作软件。学会 3ds Max 能做什么？3ds Max 该怎么用？这是初学者最常问的问题，下面将对这两个问题进行解释，从而开启 3ds Max 2013 的学习之门。

1.1.1　3ds Max 2013 的应用领域

3ds Max 2013 拥有强大的设计制作功能，广泛应用于影视、建筑、设计以及游戏等领域，是广大用户最为青睐的三维设计制作软件之一。

1. 室内/室外设计

室内/室外设计包括房屋内部装潢设计、室外环境设计、建筑设计等方面，许多设计师在对室内或室外环境进行设计时，大多数都会选择 3ds Max 进行制作，通过 3ds Max 设计的作品，可以最大限度地还原真实场景，可以更加直观地通过设计效果进行预期，如图 1-1 所示为使用 3ds Max 制作的室内设计效果图。

2. 工业设计

3ds Max 2013 具有高度精确的设计工具，并包含了极具真实感的材质和渲染功能，可以满足工业设计领域对产品的高精度要求，如图 1-2 所示为使用 3ds Max 设计的工业产品。

3. 影视动画设计

3ds Max 的三维动画设计功能广泛应用于电影、电视、节目片头以及广告制作等领域，可以使这些产品的镜头更加精美、逼真，让观众感受到最大的视觉冲击力。如图 1-3 所示为使用 3ds Max 设计的动画电影效果。

图 1-1　室内设计效果图

图 1-2　工业设计效果图

4. 游戏设计

　　目前大量的三维游戏中的场景、角色建模和游戏动画制作等，都是通过 3ds max 完成的，由于 3ds Max 具备的强大建模和动画功能，使得其制作的游戏场面更加宏大，游戏角色更加逼真，深受游戏设计师的青睐。如图 1-4 所示为使用 3ds Max 制作的三维游戏场面。

图 1-3　三维动画电影效果图

图 1-4　三维游戏场景效果图

1.1.2　3ds Max 2013 的制作流程

　　3ds Max 是集各种强大功能于一体的大型软件，其操作界面非常人性化，可以使初学者轻松上手并学会软件的基本使用方法。使用 3ds Max 制作作品的流程一般可以分为场景设置、建模、赋予材质和贴图、添加灯光和摄影机、设置动画（室内设计等领域不需此环节）和渲染等环节。

- 场景设置：场景设置主要包括单位设置、栅格点大小设置和视图布局设置等，其目的是为了更好地满足使用者的产品与制作需要。
- 建模：建模是指建立产品对象的模型，3ds Max 提供了大量的建模工具，可以使用各种三维几何体、二维图形并结合各种修改器建立模型。
- 赋予材质和贴图：当建立好模型后，为了使模型更加逼真，需要对其赋予真实世界中的物理材质和贴图，比如模型的外观图案、模型的反光度和颜色等，使模型给人以真实的感觉。
- 添加灯光和摄影机：灯光和摄影机可以使建立的模型和场景更富有真实感，其中灯光可以在场景中添加光线和阴影，而摄影机可以获取各种视觉角度。
- 设置动画：模型是静态的对象，要想使其动起来，就需要进行动画设置，这在影视、游戏等领域是非常重要的环节。
- 渲染：完成上述操作后，就可以将制作的产品进行渲染出图。3ds Max 包含了多种渲染工具，可以根据自身需要对这些工具进行设置来渲染产品。

1.2 认识与设置 3ds Max 2013 操作界面

在计算机中正确安装 3ds Max 2013 后,可以通过双击桌面上的 快捷图标或利用"开始"菜单启动该软件。

1.2.1 3ds Max 2013 操作界面详解

启动 3ds Max 2013 后,将打开如图 1-5 所示的操作界面,该界面主要由标题栏、菜单栏、工具栏、视图区、命令面板和辅助区组成。

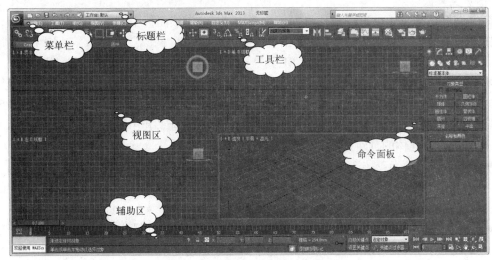

图 1-5 3ds Max 2013 的操作界面

1. 标题栏

3ds Max 2013 的标题栏除了显示当前操作的场景文件名称外,还包含了软件 Logo 图标、快速访问工具栏等部分。单击 Logo 图标,可以在弹出的下拉菜单中对场景文件进行新建、保存、导入等操作。而快速访问工具栏则是将相应的场景文件命令显示为工具按钮的方式,以方便用户使用。

在快速访问工具栏中单击"撤销" 按钮,可以撤销最近的一次操作,如果进行了误撤销,还可单击右侧的"还原"按钮 还原撤销前的效果。

2. 菜单栏

菜单栏将所有 3ds Max 的操作功能集成为命令显示在菜单项中。单击相应菜单项,可以在弹出的下拉菜单中选择命令来执行操作。

如果菜单命令右侧出现了"×+×"的英文字母信息,表示该菜单命令可以按对应的快捷键来执行,如图 1-6 所示为选择【工具】/【孤立当前选择】菜单命令,表示将单独在场景中显示选择的模型,按【Alt+Q】组合键也可以执行此菜单命令。

3. 工具栏

工具栏将常用的 3ds Max 功能以按钮的方式进行显示，该栏上的按钮都是操作中会经常使用到的。

图 1-6 菜单命令与快捷键

4. 视图区

视图区主要用于模型的查看和编辑操作，它是 3ds Max 操作界面中非常重要的区域之一，默认的视图区由 4 部分组成，可以从不同角度对模型进行全方位观察和编辑。

5. 命令面板

命令面板是 3ds Max 2013 操作界面的重要组成部分，该面板中显示的内容因当前操作和显示模型的不同而不同。命令面板主要由"创建"选项卡、"修改"选项卡、"层次"选项卡、"运动"选项卡、"显示"选项卡以及"工具"选项卡组成，各选项卡的作用分别如下。

- "创建"选项卡：该选项卡主要用于创建各种对象，如几何体、图形、灯光、摄影机等，不同类型的对象又包括子类型，以满足用户创建基本模型的需要。如图 1-7 所示的"创建"选项卡显示的就是用于创建几何体的界面，其中显示了长方体、球体等各种标准几何体的创建按钮。
- "修改"选项卡：该选项卡主要用于编辑各种对象，如图 1-8 所示。当选择了场景中的某个对象后，可以利用该选项卡对对象本身进行编辑，也可以为对象添加各种修改器，从而进一步对模型进行创建和编辑工作。
- "层次"选项卡：该选项卡可以对坐标轴进行单独调整和锁定，可以调整对象间层次的链接关系，还可以通过对反向动力学的设置创建复杂的运动，如人物的关节结构等，如图 1-9 所示为该选项卡的界面。

图 1-7 "创建"选项卡

图 1-8 "修改"选项卡

图 1-9 "层次"选项卡

- "运动"选项卡：该选项卡主要用于调整所选对象的运动相关参数，如图 1-10 所示。
- "显示"选项卡：该选项卡可以对模型显示方式的颜色、模型的显示与隐藏以及模型的冻结和其他相关属性进行设置，如图 1-11 所示。

- "工具"选项卡：该选项卡可以使用 3ds Max 2013 集成的其他工具对场景和对象进行设置，如图 1-12 所示。

图 1-10　"运动"选项卡　　　图 1-11　"显示"选项卡　　　图 1-12　"工具"选项卡

6. 辅助区

辅助区主要由时间轴、状态区、动画控制区以及视图控制按钮区 4 部分组成，如图 1-13 所示。

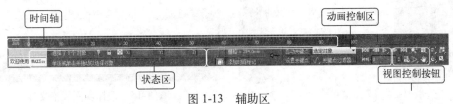

图 1-13　辅助区

- 时间滑块：显示当前场景的时间长度，拖动左侧黄色的滑块可以调整场景时间，主要用于动画制作。
- 状态区：显示当前操作的内容或情况，如选择的对象数量、当前使用的工具作用等。
- 动画控制区：控制动画的播放，包括选择动画对象、前进、后退、按帧播放等控制参数。
- 视图控制按钮区：控制视图显示方式。

1.2.2　自定义 3ds Max 2013 使用环境

3ds Max 2013 允许用户对界面进行设置，以满足各种情况的需要。下面分别讲解设置界面显示风格、设置场景单位、显示与隐藏界面组成和首选项设置的方法。

1. 设置界面显示风格

3ds Max 2013 默认的显示风格为黑色背景，习惯了 3ds Max 2009 的用户可以将其更改为灰色显示。下面便以将默认显示风格更改为 3ds Max 2009 风格为例，介绍设置界面风格的方法，其具体操作如下。

上机实战 1-1 　更改界面风格为 3ds Max 2009

素材文件：无	效果文件：无
视频文件：视频\第 1 章\1-1.swf	操作重点：界面 UI 风格设置

1 　启动 3ds Max 2013，选择【自定义】/【加载自定义用户界面方案】菜单命令，如图
1-14 所示。

2 　打开"加载自定义用户界面方案"对话框，选择"3dsMax2009.ui"文件选项，单击 打开(O)
按钮，如图 1-15 所示。

选择【自定义】/【保存自定义用户界面方案】菜单命令，可以将当前对界面所做
的各种自定义设置保存为文件，方便以后加载该界面风格。

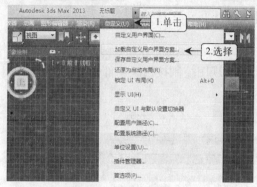

图 1-14　选择菜单命令

图 1-15　选择界面风格文件

3 　软件提示正在加载自定义方案，如图 1-16 所示。

4 　稍后即可将界面显示风格更改为选择的 3ds Max 2009 风格，如图 1-17 所示。

图 1-16　正在加载界面

图 1-17　更改界面风格后的效果

2．设置场景单位

3ds Max 2013 提供了各种公制单位和光源单位，在制作不同产品时所涉及的单位有可能
不同，因此需要及时对场景单位进行调整。

下面以将场景单位更改为"毫米"为例，介绍设置场景单位的方法。

上机实战 1-2　更改场景单位为"毫米"

素材文件：无	效果文件：无
视频文件：视频\第 1 章\1-2.swf	操作重点：设置场景单位

　　1　在 3ds Max 2013 操作界面中选择【自定义】/【单位设置】菜单命令，如图 1-18 所示。

　　2　打开"单位设置"对话框，在"公制"单选项下方的下拉列表框中选择"毫米"选项，然后单击上方的 系统单位设置 按钮，如图 1-19 所示。

　　3　打开"系统单位设置"对话框，在"系统单位比例"栏右侧的下拉列表框中选择"毫米"选项，依次单击 确定 按钮即可，如图 1-20 所示。

图 1-18　选择菜单命令

图 1-19　设置显示单位

图 1-20　设置系统单位

 在创建新的模型对象时，一定要首先检查当前场景的单位设置情况，确认单位设置符合实际要求。

　　3. 显示与隐藏界面组成

　　在 3ds Max 2013 中组成界面的各个部分并不是固定显示在界面中的，在实际工作时可以根据自己的需要选择需要显示或隐藏的部分，其方法为：选择【自定义】/【显示 UI】菜单命令，在弹出的子菜单中选择相应的命令，如图 1-21 所示。其中命令左侧显示✓标记表示该部分已显示在界面中，没有该标记则表示已从界面中隐藏。

图 1-21　显示或隐藏各组成部分

4. 首选项设置

3ds Max 2013 的人性化设置不仅体现在操作上很容易上手，而且还体现在可以对各方面的功能进行相应设置和调整，来满足不同用户的不同需要。选择【自定义】/【首选项】菜单命令，可以打开"首选项"对话框，如图 1-22 所示。在该对话框中单击不同的选项卡，便能对相应的功能进行设置，包括常规设置、渲染设置、动画设置以及视图设置等方面。

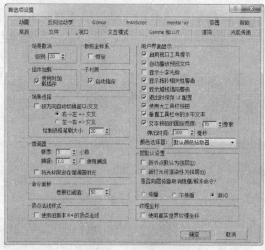

图 1-22　首选项设置

1.3　3ds Max 2013 视图的基本用法

对象的创建、编辑、设置以及修改，都离不开视图的操作，这是 3ds Max 2013 中使用最频繁的区域之一，本节将单独对视图的各种基本用法进行全面讲解。

1.3.1　在视图中观察对象

在默认设置下，3ds Max 2013 的视图区由 4 个视图组成，依次为顶视图、前视图、左视图和透视图，分别用于从上方、正前方、左方和透视角度观察模型。选择某个视图后，该视图周围会显示黄色边框，如图 1-23 所示。

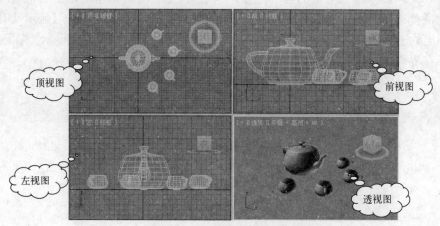

图 1-23　不同视图中显示的模型

在不同视图中切换时，可以直接通过单击鼠标左键来选择。在实际工作时，建议通过单击鼠标右键来切换，其作用与单击鼠标左键相同，但单击鼠标右键可以避免选择场景中的对象，这样就不会在切换视图时改变视图中选择的模型，以便于操作的连续性。

1.3.2 视图控制按钮的作用

在辅助区最右侧中包含了一系列按钮，这些按钮专用于控制视图，单击某个按钮可以应用按钮功能，在视图中单击鼠标右键可以退出该按钮的应用状态。下面介绍各按钮的作用。

- "缩放"按钮 ：单击该按钮，在某个视图中拖动鼠标可以缩放视图中模型的显示大小。
- "缩放所有视图"按钮 ：单击该按钮，在某个视图中拖动鼠标可以同时缩放所有视图中模型的显示大小
- "最大化显示选定对象"按钮 ：单击该按钮可以将所选视图中当前选择的模型在该视图中最大化显示，效果如图 1-24 所示。

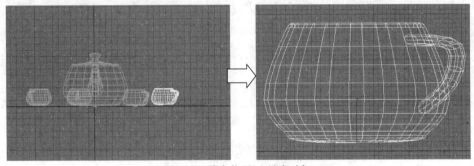

图 1-24 最大化显示所选对象

- "所有视图最大化显示选定对象"按钮 ：单击该按钮，可以同时在所有视图中最大化显示当前选择的对象。
- "缩放区域"按钮 ：单击该按钮，在非透视图中拖动鼠标可以框选需放大显示的区域，释放鼠标后即可以放大显示该区域，如图 1-25 所示。

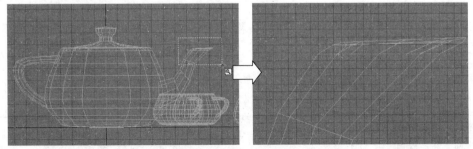

图 1-25 放大区域

当选择的视图为透视图时，"缩放区域"按钮 将显示为"视野"按钮 ，该按钮可以实现对透视图的缩放操作。

● "平移视图"按钮 : 单击该按钮,在某个视图中拖动鼠标可以移动视图,以便按自己的需要显示出当前未显示的内容,如图 1-26 所示。

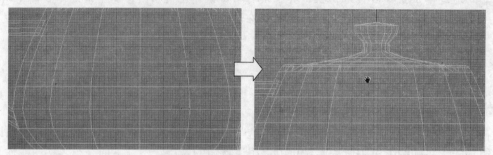

图 1-26 平移视图显示壶盖

● "环绕子对象"按钮 : 单击该按钮,可以旋转视图角度,以便全方位地观察模型,如图 1-27 所示。

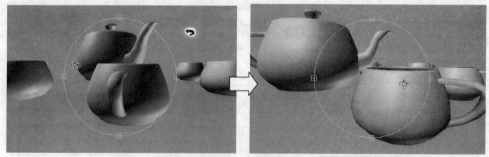

图 1-27 旋转视图

● "最大化视口切换"按钮 : 单击该按钮,可以将当前选择的视图单屏显示,并隐藏其他视图。

1.3.3 视图的控制与设置

为了更好地使用视图来创建和编辑模型,下面进一步介绍一些常用的关于视图控制与设置的操作,包括视图的布局设置、视图显示模式的设置和使用快捷键控制视图等。

1. 设置视图布局

不同的用户有不同的操作习惯,如果觉得默认的视图布局操作起来不太顺畅,可以对其进行更改。

 上机实战 1-3 更改视图布局

素材文件:无	效果文件:无
视频文件:视频\第 1 章\1-3.swf	操作重点:设置视图布局

1 选择【视图】/【视口配置】菜单命令,如图 1-28 所示。

2 打开"视口配置"对话框,单击"布局"选项卡,选择如图 1-29 所示的布局选项,单击 确定 按钮。

图 1-28 选择菜单命令

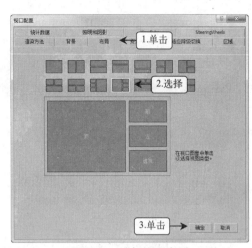

图 1-29 选择视图布局

3 此时视图将按选择的布局显示，如图 1-30 所示。

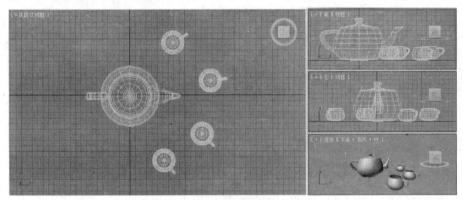

图 1-30 更改布局后的视图

2. 设置视图显示模式

3ds Max 2013 中的视图显示模式有多种，如线框模式、边面模式等，不同模式有不同的特点，在创建模型的过程中，应根据需要学会各种显示模式的切换操作。

选择某个视图，单击其左上角代表视图类型的文字，如"线框"，可以在弹出的下拉菜单中选择相应的显示模式命令切换，如图 1-31 所示。

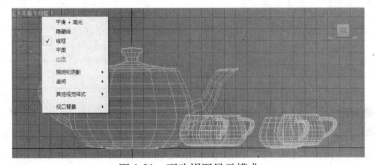

图 1-31 更改视图显示模式

各显示模式的作用和效果分别如下。

- 平滑+高光：此模式可以更真实地显示出模型的立体效果，如图1-32所示。
- 隐藏线：此模式将在线框模式的基础上隐藏法线，指向偏离视图的面和顶点，从而简化视图，降低计算机的运行负担，如图1-33所示。

图1-32　平滑+高光

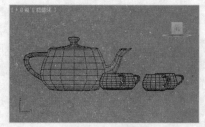

图1-33　隐藏线

- 线框：此模式可以将模型的结构以线框显示，可以直观地看到模型内部和背面的结构，如图1-34所示。
- 平面：此模式使用相同颜色的多边形显示模型，可以直观地显示模型的轮廓，如图1-35所示。

图1-34　线框

图1-35　平面

- 边面：此模式可以在上述任意一种模式的基础上应用，它可以根据模型的曲面显示出线框边缘，如图1-36所示。
- 面：此模式需在"显示模式"下拉菜单中选择"其他视觉样式"命令，并且只能在弹出的子菜单中进行选择，可以通过模型的曲面来显示模型，如图1-37所示。

图1-36　边面

图1-37　面

3. 使用快捷键控制视图

要想高效地进行模型创建和编辑操作，依靠菜单命令和工具按钮是无法实现的，特别是对于视图这种频繁使用的区域，如果每次都利用按钮来显示和切换模型就显得十分麻烦，3ds Max 2013提供了一些快捷键来控制视图，只要熟记这些快捷键，就可使视图操作变得非常轻松和快捷。

- 【T】键：在任意视图中按此键可以切换到顶视图。
- 【F】键：在任意视图中按此键可以切换到前视图。
- 【L】键：在任意视图中按此键可以切换到左视图。
- 【P】键：在任意视图中按此键可以切换到透视图。
- 【C】键：如果场景中添加了摄影机，在任意视图中按此键可以切换到摄影机视图。
- 【G】键：在任意视图中按此键可以取消或显示该视图背景中的栅格线。
- 【Z】键：在任意视图中按此键可以最大化显示选择的对象。
- 【F3】键：在任意视图中按此键可以在线框模式和平滑高光模式下切换视图。
- 【F4】键：在任意视图中按此键可以在显示和隐藏边面模式下切换视图。
- 【Alt+W】组合键：在任意视图中按此组合键可以在单屏显示该视图和显示所有视图的模式下切换。
- 【Ctrl+Alt+Z】组合键：在任意视图中按此键可以显示场景中的所有对象。
- 鼠标滚轮：滚动鼠标滚轮可放大和缩小视图；按住鼠标滚轮并拖动可以平移视图；按住【Alt】键的同时按住鼠标滚轮并拖动可以旋转视图。

1.4　场景文件的基本操作

场景文件是模型的载体，任何模型都必须在场景文件中才能使用。场景文件的基本操作包括新建、重置、打开、保存、导入以及导出等内容。

1.4.1　新建场景文件

新建场景文件可以清除当前场景中的内容，但不会更改视图配置、捕捉设置、材质编辑器等设置好的对象，其方法有以下几种。

- "新建"按钮：单击标题栏左侧快速访问工具栏中的"新建场景"按钮。
- "新建"命令：单击标题栏左侧的 Logo 按钮，在弹出的下拉菜单中选择"新建"命令。
- 快捷键：直接按【Ctrl+N】组合键。

执行以上任意一种操作后，都会打开如图 1-38 所示的"新建场景"对话框，选择保留内容后单击　确定　按钮即可。其中"保留对象和层次"单选项将保留对象以及它们之间的层次链接，但会删除动画键；"保留对象"单选项则将只保留对象本身；"新建全部"单选项将清除场景中的所有内容。

图 1-38　新建场景

1.4.2　重置场景文件

重置场景文件与新建不同，它不仅会清除所有数据，还会将所有的设置更改为默认设置，如视图配置、捕捉设置和材质编辑器等，此操作实际上与退出并重新启动 3ds Max 相同。

单击标题栏左侧的 Logo 按钮，在弹出的下拉菜单中选择"重置"命令即可重置场景文件。

1.4.3　打开场景文件

打开场景文件的方法有多种，分别介绍如下。

- "打开"按钮：单击标题栏左侧快速访问工具栏中的"打开场景"按钮。
- "打开"命令：单击标题栏左侧的 Logo 按钮，在弹出的下拉菜单中选择【打开】/【打开】菜单命令。
- 快捷键：直接按【Ctrl+O】组合键。
- 拖动：将文件夹中扩展名为"max"的文件拖动到场景中，释放鼠标后在自动弹出的菜单中选择"打开文件"命令。

> 当需要打开的场景文件中的单位与当前场景设置的单位不一致、需要打开的场景文件中的贴图无法定位以及缺少其他内容时，3ds Max 2013 均会打开相应的提示对话框，可以根据提示进行操作。如图 1-39 所示为单位不一致时打开的提示对话框，在"是否"栏按需要选中相应的单选项后单击 确定 按钮即可。

图 1-39　单位不匹配

1.4.4　保存场景文件

保存场景文件可以避免因死机、断电等意外情况造成数据丢失，特别是对于 3ds Max 2013 这种大型软件而言，因计算机配置或操作失误等原因，死机的情况时有出现，因此需要在创建模型时随时进行保存，以最大限度保证数据不会丢失。

保存场景文件的方法有以下几种。

- "保存"按钮：单击标题栏左侧快速访问工具栏中的"打开场景"按钮。
- "保存"命令：单击标题栏左侧的 Logo 按钮，在弹出的下拉菜单中选择"保存"命令或"另存为"命令。
- 快捷键：直接按【Ctrl+S】组合键。

当第一次保存当前场景文件时，会打开"文件另存为"对话框，在其中设置保存位置和文件名称，单击 保存(S) 按钮即可，如图 1-40 所示。

> 新建、重置场景文件或退出 3ds Max 2013 时，如果当前场景文件有所改动，均会打开"3ds Max"对话框提示是否保存场景文件，如图 1-41 所示，根据需要单击相应的按钮即可。

图 1-40　保存场景文件

图 1-41　提示是否保存场景

1.4.5 导入场景文件

导入场景文件有多种方式，单击 Logo 按钮 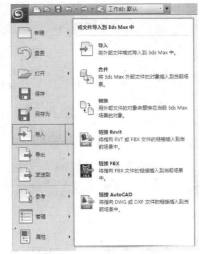，在弹出的下拉菜单中选择"导入"命令，可以在弹出的子菜单中选择需导入的方式，如图 1-42 所示。下面重点介绍"导入"方式与"合并"方式的作用。

● "导入"方式：此方式可以导入非 3ds Max 格式的文件，如 AutoCAD 文件、Illustrator 文件等，选择该命令后将打开"选择要导入的文件"对话框，在其中选择文件类型（也可设置为"所有格式"），然后选择该文件即可，如图 1-43 所示。在 3ds Max 导入文件时，会根据文件格式的不同打开不同的对话框，在该对话框中可以根据实际需要进行设置，如图 1-44 所示，以使文件能更兼容于3ds Max 2013。

图 1-42　不同文件的导入方式

图 1-43　选择导入的外部文件

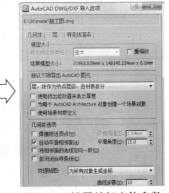

图 1-44　设置外部文件参数

● "合并"方式：比方式只能合并 3ds Max 格式的文件，其作用在于在场景中使用其他场景文件中的模型。选择此命令后将打开"合并"对话框，如图 1-45 所示。在左侧的列表框中选择需要合并的模型即可。

1.4.6 导出场景文件

当前编辑的场景文件可以导出为 CAD、Illustrator 识别的 DWG、DXF、AI 等格式的文件。

图 1-45　选择需合并的模型

只需单击 Logo 按钮 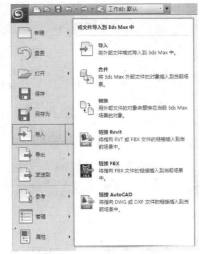，在弹出的下拉菜单中选择【导出】/【导出】菜单命令，打开"选择要导出的文件"对话框，在"保存类型"下拉列表框中选择保存类型后，设置文件的保存位置和名称，最后单击 保存(S) 按钮即可，如图 1-46 所示。

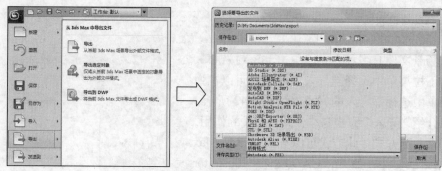

图 1-46　导出场景文件

 如果只需导出场景中的某一个模型，则可选择该模型，然后单击 Logo 按钮，在弹出的下拉菜单中选择【导出】/【导出选定对象】菜单命令，并按相同的方法保存文件即可。

1.5　课堂实训——使用 3ds Max 2013 查看对象

下面将通过实训综合练习场景文件的打开、合并、另存以及视图的控制等知识，效果如图 1-47 所示。

素材文件：素材\第 1 章\chahu.max、chabei.max	效果文件：效果\第 1 章\chaju.max
视频文件：视频\第 1 章\1-4.swf	操作重点：打开、合并、另存文件、视图的控制

图 1-47　场景文件中的模型效果

操作步骤

1　启动 3ds Max 2013，单击 Logo 按钮，在弹出的下拉菜单中选择【打开】/【打开】菜单命令，如图 1-48 所示。

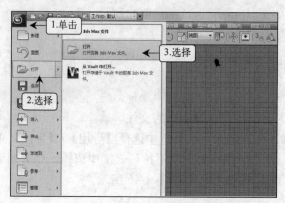

图 1-48　打开场景文件

2 打开"打开文件"对话框，选择素材提供的"chahu.max"文件，单击 打开(O) 按钮，如图1-49所示。

3 单击Logo按钮，在弹出的下拉菜单中选择【导入】/【合并】菜单命令，如图1-50所示。

图1-49 选择场景文件

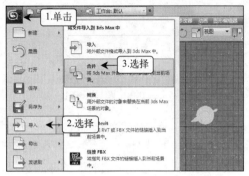

图1-50 合并文件

4 打开"合并文件"对话框，选择素材提供的"chabei.max"文件，单击 打开(O) 按钮，如图1-51所示。

5 打开"合并"对话框，选择列表框中唯一的模型选项，单击 确定 按钮，如图1-52所示。

图1-51 选择合并文件

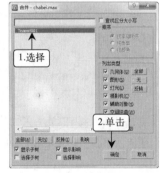

图1-52 选择模型

6 此时所选模型将自动放入到视图中，如图1-53所示。

7 单击透视图的空白区域取消合并模型的选择状态，然后使用鼠标右键单击前视图，按【Alt+W】组合键单屏显示，如图1-54所示。

图1-53 查看透视图

图1-54 单屏显示前视图

8 按【F3】键将线框模式切换为平滑高光模式，再按【F4】键进行边面模式显示，如图1-55所示。

9 按【Alt+W】组合键切换到全视图显示，使用鼠标右键单击透视图，在辅助区右侧单击"环绕子对象"按钮，拖动鼠标旋转视图查看模型，如图 1-56 所示。

图 1-55 切换视图显示模式

图 1-56 旋转视图

10 使用鼠标右键旋转左视图，单击茶杯模型将其选择，按【Z】键使其最大化显示，然后单击左上方的"线框"文字，在弹出的下拉菜单中选择"隐藏线"命令，如图 1-57 所示。

11 单击视图空白区域取消茶杯的选择，按【Alt+Z】组合键最大化显示所有模型，如图 1-58 所示。

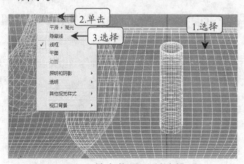

图 1-57 最大化显示所选模型

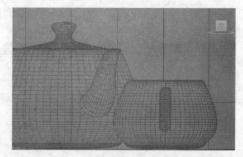

图 1-58 最大化显示所有模型

12 单击 Logo 按钮，在弹出的下拉菜单中选择"另存为"菜单命令，如图 1-59 所示。

13 在打开的对话框中将文件名称更改为"chaju.max"，单击 保存(S) 按钮完成操作，如图 1-60 所示。

图 1-59 另存场景文件

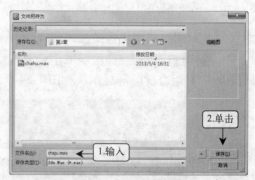

图 1-60 设置文件名称

1.6 疑难解答

1. 问：每个视图右上方都有一个类似立方体的按钮，它有什么作用呢？

答：它是 "ViewCube" 对象，单击该对象上的某个面，可以从对应的角度查看当前视图，也可以在该对象上拖动鼠标，从而调整视图的观察角度。按【Ctrl+Alt+V】组合键可以显示或隐藏该对象。

2. 问：3ds Max 2013 中只有顶视图、前视图、左视图和透视图吗？想从底部观察模型该怎么办呢？

答：除了上述视图外，还包括右视图、底视图、后视图和正交视图等，使用这些视图的方法为：单击视图左上角表示方位的文字，在弹出的下拉菜单中选择相应的视图命令即可，命令右侧出现英文字母的，表示可以按该键位快速切换对应的视图。

3. 问：为什么透视图无法进行旋转呢？

答：应该是将当前的摄影机视图误认为了透视图，先按【P】键切换到透视图模式，再进行旋转即可。

4. 问：为什么模型在视图中无法显示完整？而且旁边还会显示黄色的边框呢？

答：造成这种情况的原因是不小心开启了安全框。安全框可以确保能在渲染出图后正确显示的区域，安全框以外的部分就有可能无法显示，这对于后期渲染出图作为参考是非常有用的。按【Shift+F】组合键可以显示或隐藏安全框。

1.7　课后练习

1. 启动 3ds Max 2013，将系统单位设置为毫米，然后重置场景文件，查看系统单位是否发生变化。

2. 通过配置视图，使视图区域仅显示透视图模式。（**提示**：首先选择单视图布局，然后利用【P】键转换为透视图。）

3. 将 3ds Max 2013 的界面风格更改为 "ame-light" 风格。

4. 启动 3ds Max 2013，利用命令面板中的 　长方体　 按钮创建长方体模型，然后利用本章介绍的各种视图控制方法观察该模型，并尽量熟悉视图控制的各种技巧。（**提示**：单击 　长方体　 按钮后，在顶视图拖动鼠标绘制长方体的长宽，单击鼠标后拖动鼠标确定高度，再次单击鼠标确认创建。最后单击鼠标右键取消长方体创建状态。）

第 2 章 对象的基本操作

 内容提要

为了更好地利用 3ds Max 2013 提供的强大功能进行建模工作，本章将介绍对象的各种基本操作，主要包括对象的选择、移动、旋转、缩放、镜像、对齐、克隆、阵列、间隔和组操作以及捕捉工具的使用和坐标系的设置等内容。

 学习重点与难点

➢ 掌握对象的选择、移动、旋转和缩放操作
➢ 掌握克隆对象的操作
➢ 熟悉对象的阵列和间隔操作
➢ 掌握对象的镜像和对齐方法
➢ 熟悉对象的各种组操作
➢ 熟悉捕捉工具的使用方法
➢ 了解坐标系的设置方法

2.1 选择、移动、旋转和缩放对象

对象的选择、移动、旋转和缩放操作是应该掌握的基本技能，本小节将重点对这几种操作的实现方法进行介绍。

2.1.1 对象的基本选择方法

对象的选择决定着对其进行的各种后续操作，无论移动、旋转或缩放对象，还是克隆、镜像、对齐对象等，首先的操作均是选择对象。在 3ds Max 2013 中常见的选择对象的基本方法有以下几种。

- 选择单个对象：单击工具栏上的"选择对象"按钮 ，使其呈按下状态，将鼠标指针移至视图中的某个对象上，当其变为 形状时，单击鼠标即可选择该对象，此时所选对象的边界框将出现白色的边框，如图 2-1 所示。

图 2-1　选择视图中的对象

- 加选对象：加选对象是指在选择了某个对象的基础上，继续选择其他对象，按住【Ctrl】键不放，继续单击其他对象即可。
- 减选对象：减选对象是指在选择了多个对象的基础上，取消其中部分对象的选择状态，按住【Alt】键不放，单击需取消选择的对象即可。

- 全选对象：全选对象是指快速选择视图中存在的所有对象，选择【编辑】/【全选】菜单命令或按【Ctrl+A】组合键即可。

2.1.2　利用选择区域选择对象

如果需要在场景中选择某些区域内的多个对象时，可以借助 3ds Max 2013 提供的各种选择区域工具来操作。在工具栏的选择区域按钮上按住鼠标左键不放，在弹出的下拉列表中选择某种选择区域工具后，即可在视图中拖动鼠标绘制相应的区域来选择对象。各选择区域工具的作用分别如下。

- "矩形选择区域"工具：通过在视图中绘制矩形选择区域来选择多个对象。
- "圆形选择区域"工具：通过在视图中绘制圆形选择区域来选择多个对象。

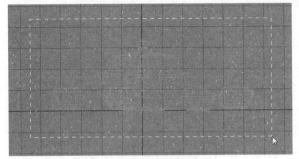

图 2-2　绘制矩形选择区域

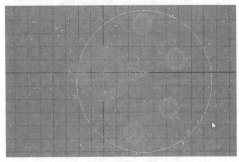

图 2-3　绘制圆形选择区域

- "围栏选择区域"工具：通过在视图中绘制任意多边形选择区域来选择多个对象，绘制时依次单击鼠标确定多边形各顶点即可，如图 2-4 所示。
- "套索选择区域"工具：通过在视图中绘制任意不规则选择区域来选择多个对象，绘制时按住鼠标左键不放并拖动鼠标绘制即可，如图 2-5 所示。

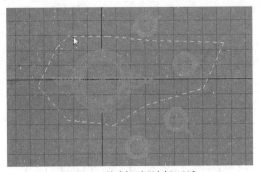

图 2-4　绘制围栏选择区域

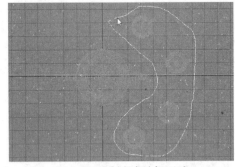

图 2-5　绘制套索选择区域

- "绘制选择区域"工具：通过在视图的某个对象上拖动鼠标来实现多个对象的选择，如图 2-6 所示。

"绘制选择区域"工具有一定的笔刷大小，若想改变笔刷大小，可在该工具上单击鼠标右键，打开"首选项设置"对话框，在"常规"选项卡的"场景选择"组中调整"绘制选择笔刷大小"的值，如图 2-7 所示。

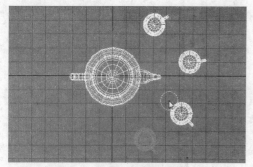

图 2-6　在对象上使用绘制选择区域

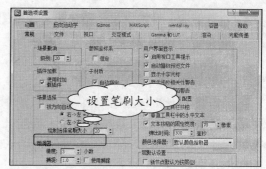

图 2-7　自定义笔刷大小

2.1.3　窗口/交叉选择对象

窗口/交叉选择对象是可以实现选择区域与所选对象的位置交集来确定该对象是否可选的功能。

在默认情况下，工具栏上的"窗口/交叉"按钮 处于弹起状态，此时的选择功能为"交叉"，只要对象的一部分处于选区中便会被选择，效果如图 2-8 所示；单击该按钮将其按下后，将变为 按钮，此时的选择功能为"窗口"，只有完成处于选区中的对象才能被选择，效果如图 2-9 所示。

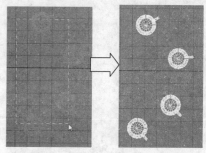

图 2-8　与选区相交的对象均被选择

 选择【自定义】/【首选项】菜单命令，在打开的"首选项设置"对话框中单击"常规"选项卡，在"场景选择"组中选中"按方向自动切换窗口/交叉"复选框，并选中下方的单选项可开启"自动切换窗口/交叉"功能，如图 2-10 所示即表示从左到右拖动鼠标需完全框选才能选择对象，从右到左拖动鼠标只需接触对象的部分区域即可将其选择。

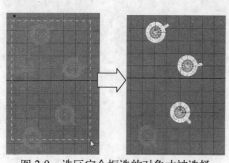

图 2-9　选区完全框选的对象才被选择

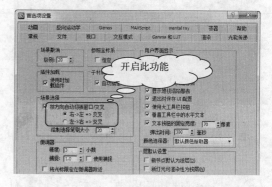

图 2-10　开启"自动切换窗口/交叉"功能

2.1.4　按名称选择对象

如果场景中的对象无法通过任意选择区域工具进行选择时，可以利用"按名称选择"工具进行选择。单击工具栏中的"按名称选择"按钮后，将打开"从场景选择"对话框，在"名称"列表框中选择对象并单击 确定 按钮即可选择对应的对象，如图2-11所示。

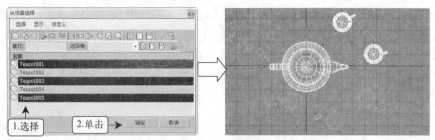

图2-11 按名称选择对象

"从场景选择"对话框上方的各按钮用于筛选场景中不同类别的对象。另外，在"名称"列表框中按住【Ctrl】键可选择不相邻的多个对象，按住【Shift】键可选择相邻的多个对象。

2.1.5 移动对象

使用工具栏上的"选择并移动"工具可以轻松实现对象的移动操作。单击"选择并移动"按钮或按【W】键，在某个视图中选择需要移动的对象，然后将鼠标指针移至坐标轴的某个轴上，当其变为黄色高亮显示时，按住鼠标左键不放并拖动鼠标便可让对象沿该坐标轴方向移动。如果将鼠标指针移至两个坐标轴或3个坐标轴的交叉区域，使其呈黄色高亮显示，则可将对象同时沿这些坐标轴方向移动，如图2-12所示。

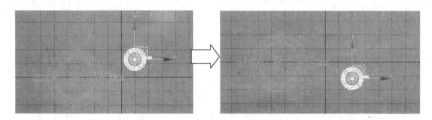

图2-12 同时沿x轴和y轴方向移动对象

2.1.6 旋转对象

旋转对象可调整对象在不同坐标轴的显示角度，使用工具栏上的"选择并旋转"工具可以实现对象的选择操作。单击"选择并旋转"按钮或按【E】键，在某个视图中选择需旋转的对象，然后将鼠标指针移至坐标轴的某个轴上，当其变为黄色高亮显示时，按住鼠标左键不放并拖动鼠标便可让对象以该坐标轴为轴心旋转，如图2-13所示。

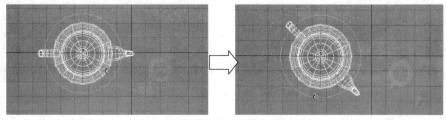

图2-13 以z轴为轴心旋转对象

2.1.7 缩放对象

缩放对象可以调整对象的大小，使用工具栏上的"选择并缩放"工具可以对对象进行缩放操作。单击"选择并缩放"按钮或按【R】键，在某个视图中选择需缩放的对象，然后将鼠标指针移至坐标轴的某个轴上，当其变为黄色高亮显示时，按住鼠标左键不放并拖动鼠标便可让对象沿该坐标轴方向缩放。如果将鼠标指针移至 2 个坐标轴或 3 个坐标轴的交叉区域，使其呈黄色高亮显示，则可将对象同时沿这些坐标轴方向缩放，如图 2-14 所示。

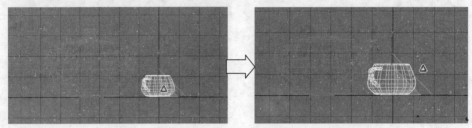

图 2-14　同时沿 x 轴、y 轴和 z 轴方向缩放对象

 3ds Max 2013 提供了 3 种缩放工具，分别是"选择并均匀缩放"工具，用于沿坐标轴等量缩放对象，保持对象的原始比例；"选择并非均匀缩放"工具，用于沿坐标轴非等量缩放对象，对象的原始比例会发生改变；"选择并挤压"工具；用于将对象在一个轴上按比例缩小，同时在另两个轴上均匀地按比例增大。

下面将通过对场景中茶杯对象的调整，进一步巩固和加深在 3ds Max 2013 中移动、旋转和缩放对象的方法，其具体操作如下。

上机实战 2-1　调整中式盖碗茶杯

素材文件：素材\第 2 章\gaiwan.max	效果文件：效果\第 2 章\gaiwan.max
视频文件：视频\第 2 章\2-1.swf	操作重点：移动对象、旋转对象、缩放对象

1　打开素材提供的"gaiwan.max"文件，在左视图中拖动鼠标框选更大的茶杯对象，如图 2-15 所示。

2　按【R】键切换到"选择并均匀缩放"工具，同时沿所有坐标轴缩小对象，使其与左侧的对象大小相似，如图 2-16 所示。

图 2-15　框选对象

图 2-16　均匀缩放对象

3　按【W】键切换到"选择并移动"工具，向下拖动 y 轴，使其与左侧对象的高度

一致，如图 2-17 所示。

　　4　单独选择杯盖对象，将其同时沿 x 轴和 y 轴移动到上方的空白区域，如图 2-18 所示。

　　5　按【E】键切换到"选择并旋转"工具 ◎，将其以 z 轴为轴心旋转一定的角度，如图 2-19 所示。

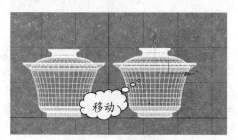

图 2-17　移动对象

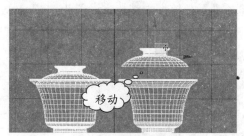

图 2-18　移动对象

　　6　按【W】键再次切换到"选择并移动"工具 ❖，切换到透视图中，将其移动到杯体旁边即可，效果如图 2-20 所示。

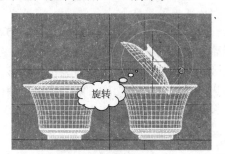

图 2-19　旋转对象

图 2-20　移动对象

2.2　克隆、阵列和间隔对象

　　当场景中需要创建大量相同的对象时，可以使用 3ds Max 2013 提供的克隆、阵列或间隔对象等功能快速完成工作，提高建模效率。

2.2.1　克隆对象

　　克隆对象是指在源对象的基础上通过复制得到相同对象，3ds Max 2013 提供了复制克隆、实例克隆和参考克隆等克隆方式，根据不同的情况可选择相应的克隆方式进行对象的复制操作。

　　1. 复制克隆

　　复制克隆对象可以在源对象的基础上复制一个独立的相同对象。下面以复制 4 个棋子对象为例介绍复制克隆对象的方法。

 上机实战 2-2　复制克隆棋子

素材文件：素材\第 2 章\qipan.max	效果文件：效果\第 2 章\qipan.max
视频文件：视频\第 2 章\2-2.swf	操作重点：复制克隆

1 打开素材提供的"qipan.max"文件,按【W】键切换到"选择并移动"工具 ⊕,选择顶视图中的棋子对象,按住【Shift】键不放,向上拖动 y 轴至上方相邻的棋盘格子中,如图 2-21 所示。

2 释放鼠标后将打开"克隆选项"对话框,在"对象"栏中选中"复制"单选项,在"副本数"数值框中将数字设置为"4",单击 确定 按钮,如图 2-22 所示。

3 此时将快速复制 4 个相同的棋子对象,如图 2-23 所示。

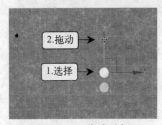

图 2-21 移动对象　　　　　　图 2-22 设置克隆参数　　　　　　图 2-23 完成克隆

2. 实例克隆

实例克隆对象的方法与复制克隆相似,只需在按住【Shift】键的同时移动选择的对象,然后在打开的对话框中选中"实例"单选项并设置副本数即可。与复制克隆不同的是,实例克隆的对象与源对象是相互联系的,无论更改克隆的对象或源对象,所有对象都将同步发生变化,如图 2-24 所示即为修改源对象的 FFD 修改器命令后,其他实例克隆的对象也将同时得到 FFD 修改器和编辑后的效果。

图 2-24 实例克隆后的效果

3. 参考克隆

在"克隆选项"对话框中选中"参考"单选项即可进行参考克隆。这种方式不同于复制克隆和实例克隆,在修改源对象时,参考克隆的对象会同步变化,但修改参考克隆的对象时,其他对象不会变化,如图 2-25 所示。

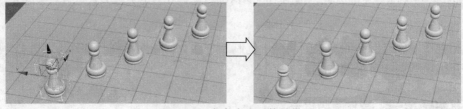

图 2-25 参考克隆后的效果

2.2.2 阵列对象

阵列对象可以在一维、二维或三维空间中按设置的数量、距离和角度快速复制对象,适用于具有矩形或圆形阵列的对象建模。下面以将棋子快速布满整个棋盘为例介绍阵列对象的方法。

 上机实战 2-3　阵列棋子

素材文件：素材\第 2 章\qipan.max	效果文件：效果\第 2 章\qipan2.max
视频文件：视频\第 2 章\2-3.swf	操作重点：阵列

1　打开素材提供的"qipan.max"文件，在顶视图中将棋子对象移到第 2 行第 2 列的格子中，然后选择【工具】/【阵列】菜单命令，如图 2-26 所示。

2　打开"阵列"对话框，在"增量"栏"X"项目下的第 1 个数值框中将数字设置为"400.0mm"（表示对象与对象之间在 x 轴方向的间隔距离为 400mm），并将"阵列维度"栏中"1D"单选项右侧的数值框中的数值设置为"8"（表示在 x 轴方向上阵列的对象总数为 8），如图 2-27 所示。

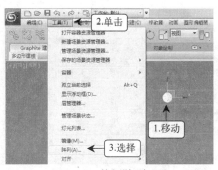

图 2-26　使用阵列工具

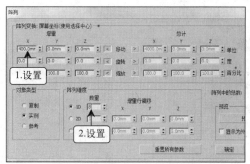

图 2-27　设置 x 轴的阵列参数

3　选中"阵列维度"栏中的"2D"单选项，将右侧数值框中的数字更改为"8"，并将右侧"Y"栏下数值框中的数字更改为"-400mm"，单击 确定 按钮，如图 2-28 所示。

4　此时将快速对选择的棋子对象执行阵列操作，效果如图 2-29 所示。

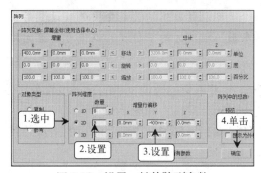

图 2-28　设置 y 轴的阵列参数

图 2-29　阵列的效果

 在"阵列"对话框中还可设置圆形阵列，只需在"增量"栏下"旋转"项目对应的数值框中设置某个坐标轴方向的旋转角度，并在"阵列维度"栏中设置圆形阵列的数量即可。

2.2.3 间隔对象

间隔对象功能可以使克隆出的对象沿指定的路径分布，相对于阵列对象而言，这种方式的灵活度更大，可以适用于许多情形，比如走廊上方的异性花架、道路两侧的路灯等。下面通过对路灯对象进行间隔操作来介绍使用方法。

 上机实战 2-4 间隔路灯

素材文件：素材\第 2 章\ludeng.max	效果文件：效果\第 2 章\ludeng.max
视频文件：视频\第 2 章\2-4.swf	操作重点：间隔

1 打开素材提供的"ludeng.max"文件，在顶视图中选择中央的路灯对象，然后选择【工具】/【对齐】/【间隔工具】菜单命令，如图 2-30 所示。

2 打开"间隔工具"对话框，单击上方的 拾取路径 按钮并单击顶视图中的弧线对象，如图 2-31 所示。

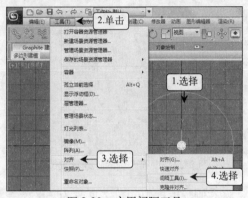

图 2-30　启用间隔工具

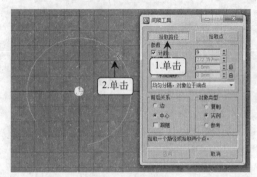

图 2-31　拾取路径

 TIPS 在"间隔工具"对话框的"参数"栏中除了可以设置间隔数量外，还可设置对象的间距和对象的偏移距离。另外，在"参数"栏下方的下拉列表框中可设置间隔对象的分布效果。

3 在"间隔工具"对话框中选中"计数"复选框，将右侧的数值框中的数字设置为"8"。在"前后关系"栏中选中"中心"单选项，单击 应用 按钮，如图 2-32 所示。

4 关闭"间隔工具"对话框并选择弧线按【Delete】键删除，得到间隔后的路灯效果，如图 2-33 所示。

 TIPS 在"间隔工具"对话框中利用 拾取点 按钮可以实现通过两点建立间隔路径的效果，使用的方法为：选择需进行间隔的对象并打开"间隔工具"对话框，单击 拾取点 按钮，然后在视图中单击鼠标确定路径起点，再次单击鼠标确定路径终点，此时所选对象将按该路径进行间隔分布。

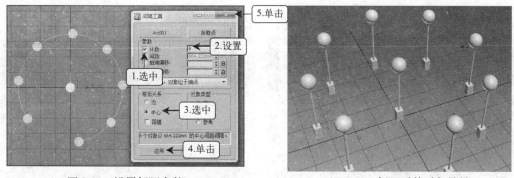

图 2-32　设置间隔参数　　　　　　　图 2-33　间隔后的对象效果

2.3　镜像和对齐对象

　　镜像和对齐对象也是建模时会经常使用到的操作，熟练掌握这两种功能的使用方法，可以在建模过程中更精确、更高效地控制对象。

2.3.1　镜像对象

　　镜像是指将对象按镜面反射的效果进行变换处理，从而快速得到形状相同但显示方向不同的物体。3ds Max 2013 可以非常精确地对对象进行镜像处理，同时还可设置镜像的偏移位置和是否克隆等效果。

　　下面以对场景中的茶具进行镜像克隆来介绍 3ds Max 2013 中镜像功能的使用方法，其具体操作如下。

上机实战 **2-5**　镜像茶具

素材文件：素材\第 2 章\chaju.max	效果文件：效果\第 2 章\chaju.max
视频文件：视频\第 2 章\2-5.swf	操作重点：镜像、克隆

　　1　打开素材提供的"chaju.max"文件，在顶视图中选择茶具对象，单击工具栏中的"镜像"按钮，如图 2-34 所示。

　　2　打开"镜像：屏幕 坐标"对话框，在"镜像轴"栏中选中"X"单选项，向上拖动"偏移量"数值框右侧的"增加"按钮，适当调整镜像对象的偏移位置。在"克隆当前选择"栏中选中"实例"单选项，最后单击　确定　按钮，如图 2-35 所示。

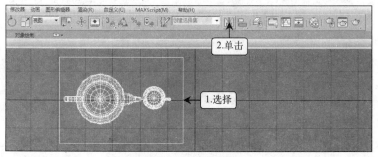

图 2-34　选择对象

3 此时将同时完成对所选对象的镜像和克隆操作，效果如图 2-36 所示。

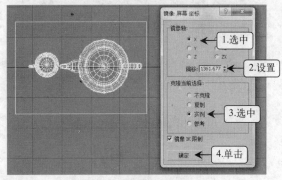

图 2-35　设置镜像参数

图 2-36　镜像并克隆对象后的效果

2.3.2　对齐对象

虽然通过移动对象可以手动调整对象的位置并实现对象的对齐效果，但这种方法仅适用于对精确度要求不高的情况，当需要高精度地对齐对象时，可以利用 3ds Max 2013 提供的对齐对象功能来实现。

下面以精确连接饰品上下两部分对象为例，介绍对齐对象的方法。

 上机实战 **2-6**　连接饰品

素材文件：素材\第 2 章\shipin1.max	效果文件：效果\第 2 章\ shipin1.max
视频文件：视频\第 2 章\2-6.swf	操作重点：对齐对象

1 打开素材提供的"shipin1.max"文件，在前视图中选择上部分的对象，单击工具栏中的"对齐"按钮，然后将鼠标指针移动到需要对齐的下部分对象上并单击鼠标，如图 2-37 所示。

2 打开"对齐当前选择"对话框，仅选中"Y 位置"复选框，并在"当前对象"栏中选中"最小"单选项，在"目标对象"栏中选中"最大"单选项，表示在当前视图中，以 y 轴为轴心，将上部分对象的最低处对齐下部分对象的最高处，单击　确定　按钮，如图 2-38 所示。

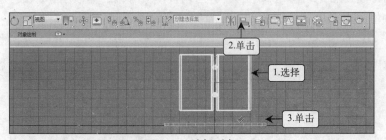

图 2-37　选择对象

3 此时便完成了对齐操作，两个对象将严密地连接在一起，效果如图 2-39 所示。

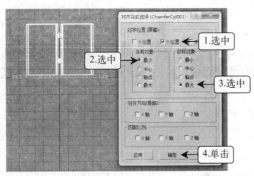

图 2-38　设置对齐参数

图 2-39　对齐对象后的效果

2.4　对象的组操作

组操作主要是针对多个对象而言的，通过对这些对象进行成组、解组、打开组、关闭组、附加组、分离组以及炸开组等操作，可以非常轻松地对复杂的建模对象进行控制。

2.4.1　成组与解组对象

成组与解组对象是指将多个对象组合为一个整体以及将成组的对象重新解散为多个单独的个体。

- 成组：选择多个对象后，选择【组】/【成组】菜单命令，在打开的"组"对话框中为成组的对象命名，然后单击 确定 按钮，即可将多个对象组合为一个整体，如图2-40 所示。

图 2-40　成组对象

- 解组：选择成组的对象，选择【组】/【解组】菜单命令可将成组对象解散为组合前的多个个体，如图 2-41 所示。

图 2-41　解组对象

2.4.2 打开与关闭组对象

通过解组对象可以实现对成组中的个体进行编辑，但这样操作后需要重新将这些对象组合。如果想要在未解散对象的前提下编辑其中的单个对象，则可通过打开组和关闭组功能来实现。

选择成组的对象，然后选择【组】/【打开】菜单命令，此时对象周围的白色选框将变为红色，可以单独选择组中的任意对象进行编辑，完成编辑后，选择【组】/【关闭】命令便可快速关闭打开的组，使其重新成为一个整体，如图 2-42 所示。

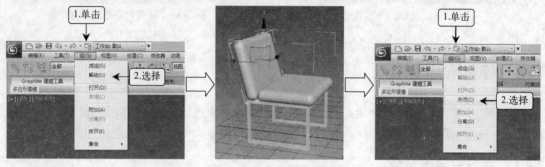

图 2-42　打开组与关闭组

2.4.3 附加与分离组对象

附加组是指将某个对象添加到已成组的对象中，使其成为一个整体；分离组则是将某个对象单独从组中脱离，成为一个单独的对象。

- 附加组：选择需附加到组中的单个对象，选择【组】/【附加】菜单命令，单击需要附加到组中的对象即可将其添加到该组中，如图 2-43 所示。

分离组之前一定要打开组，这样才能在组中单独选择需要分离出的对象。另外，完成对象的分离后，注意需要重新选择其余的成组对象，并通过关闭组操作来关闭之前打开组的状态，否则容易对组中的单个对象进行误操作。

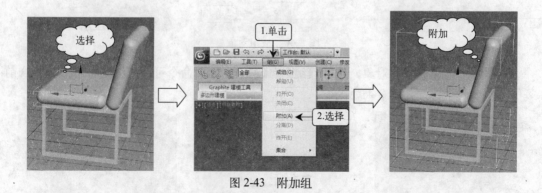

图 2-43　附加组

- 分离组：首先打开组，选择组中需分离的对象，然后选择【组】/【分离】菜单命令，如图 2-44 所示。

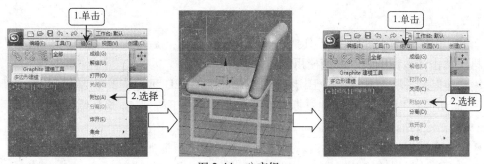

图 2-44 分离组

2.4.4 炸开组对象

炸开组可以一次性解散所选对象中的所有组，适用于快速解散包含多组级别的对象。在选择对象后，选择【组】/【炸开】菜单命令即可。如图 2-45 所示的椅子对象，椅脚为一个组，整个椅子为一个组，通过炸开便可同时解散两个组。

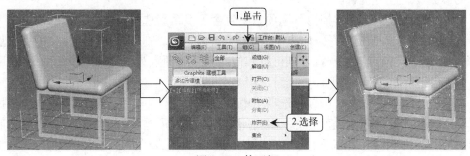

图 2-45 炸开组

2.5 捕捉工具的应用

捕捉工具可以在创建或变换对象时，通过将外部对象用作捕捉参考来精确控制对象的尺寸和位置，在实际建模过程中的用处很大。

2.5.1 2D、2.5D 和 3D 捕捉

3ds Max 2013 中的捕捉功能有 3 种，分别是 2D 捕捉、2.5D 捕捉和 3D 捕捉，其区别如下。

● 2D 捕捉：捕捉世界坐标系 xy 轴平面（如顶视图）上的对象，偏离这个平面的无法捕捉。
● 2.5D 捕捉：可以捕捉任意平面视图上的对象，但捕捉仍然是局限在固定平面或立面上。
● 3D 捕捉：可以捕捉到 3D 空间中的任何几何体。

在建模操作中，使用较多的是 2.5D 捕捉工具，这样可以在除透视图以外的其他屏幕视图中进行对象捕捉。

2.5.2 捕捉工具与设置

3ds Max 2013 提供了 4 种与捕捉相关的工具，分别是"捕捉开关"工具 、"角度捕捉切换"工具 、"百分比捕捉切换"工具 以及"微调器捕捉切换"工具 。

1. 捕捉工具

单击工具栏上相应的捕捉工具按钮，使其呈按下状态后即表示该捕捉工具处于使用状态，再次单击该按钮则表示取消使用该捕捉工具。

- "捕捉开关"工具 ：用于切换捕捉功能，即在 2D 捕捉、2.5D 捕捉和 3D 捕捉键之间切换，在该按钮上按住鼠标左键不放即可弹出下拉列表，选择需要的按钮即可切换到相应的捕捉功能。
- "角度捕捉切换"工具 ：以角度为参考对象进行捕捉。
- "百分比捕捉切换"工具 ：以百分比为参考对象进行捕捉。
- "微调器捕捉切换"工具 ：通过设置微调器数值来捕捉对象。

2. 栅格和捕捉设置

在"捕捉开关"工具 、"角度捕捉切换"工具 、"百分比捕捉切换"工具 上单击鼠标右键，均可打开"栅格和捕捉设置"对话框，下面重点对"捕捉"、"选项"和"主栅格"选项卡的参数作用进行讲解。

- "捕捉"选项卡：在"捕捉"选项卡中包含了多个复选框，选中相应的复选框表示以对应的对象为捕捉参考，如选中"栅格点"复选框，则可以视图网格中的交叉点为对象；选中"顶点"复选框，则可以其他对象上的顶点为捕捉参考，如图 2-46 所示。实际工作中，可以根据需要同时选中多个复选框。
- "选项"选项卡：在"选项"选项卡中的"通用"栏下，主要可以设置角度捕捉和百分比捕捉的具体的数值，如图 2-47 所示。当设置了需要的角度和百分比参数后，需要在工具栏中启用相应的"角度捕捉切换"工具 或"百分比捕捉切换"工具 才能完成捕捉。
- "主栅格"选项卡：在"主栅格"选项卡中重点可以设置栅格间距，即视图中网格的距离，如图 2-48 所示，并配合"捕捉"选项卡中的"栅格点"对象，即可在视图中捕捉需要距离的线段。

图 2-46　设置捕捉对象

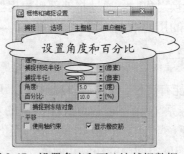

图 2-47　设置角度和百分比捕捉数据

图 2-48　设置栅格间距

下面通过顶点捕捉来快速调整桌面位置，将其底部与桌角上部紧密连接为例，介绍捕捉工具和顶点捕捉的用法。

 上机实战 2-7　调整桌面位置

素材文件：素材\第 2 章\zhuozi.max	效果文件：效果\第 2 章\zhuozi.max
视频文件：视频\第 2 章\2-7.swf	操作重点：顶点捕捉

1 打开素材提供的"zhuozi.max"文件,将"捕捉开关"工具调整为"2.5D"功能并在该按钮上单击鼠标右键,打开"栅格和捕捉设置"对话框,在"捕捉"选项卡中仅选中"顶点"复选框,然后关闭对话框,如图2-49所示。

2 单击工具栏上的"2.5D"按钮 ,然后单击"选择并移动"工具 ,如图2-50所示。

图2-49 设置顶点捕捉

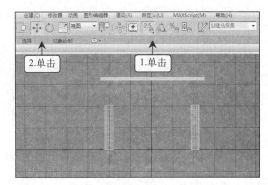

图2-50 启用捕捉工具

3 选择桌面对象,向下拖动y轴,将鼠标指针移至左侧桌角上方,此时将自动捕捉鼠标指针附近的顶点对象,如图2-51所示。

4 释放鼠标即可精确地完成桌面与桌角的连接,效果如图2-52所示。

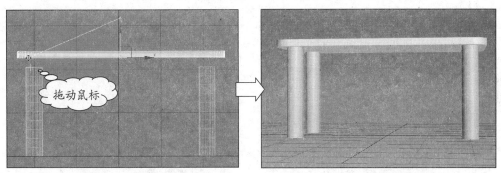

图2-51 捕捉顶点   图2-52 移动后的效果

2.6 设置坐标系

坐标系是在3ds Max 2013中操作对象的指南针,只有熟悉坐标系才能在正确的方向上进行正确操作。

2.6.1 坐标系的概述与选择

3ds Max 2013提供了多种坐标系,可以直接在工具栏的"视图"下拉列表框中选择切换。不同坐标系的作用并不相同,具体如下。

- 视图坐标系:这种坐标系是默认坐标系,使用该坐标系移动对象时,会相对于视图空间移动对象,在视图坐标系中,x轴始终在左右方向,y轴始终在上下方向,z轴始终垂直于屏幕。

- 屏幕坐标系：这种坐标系的方向设置是相对于计算机屏幕而言的，其中 x 轴为水平方向，Y 轴为垂直方向，z 轴为垂直屏幕的方向。
- 世界坐标系：这种坐标系的方向始终是固定的，其中 x 轴为水平方向，Y 轴为垂直方向，z 轴为垂直屏幕的方向。
- 父对象坐标系：这种坐标系会根据所选对象的父对象来定义坐标系方向。如果对象未链接至其他对象，则父对象坐标系与世界坐标系相同。
- 局部坐标系：这种坐标系是使用所选对象的坐标系，对象的局部坐标系由其轴点支撑，可以相对于对象调整局部坐标系的位置和方向。
- 万象坐标系：这种坐标系与局部坐标系类似，但其三个旋转轴相互之间不一定垂直。
- 栅格坐标系：这种坐标系使用栅格对象的坐标轴为坐标系，是一种虚拟的栅格对象。
- 工作坐标系：这种坐标系使用工作轴为坐标系，无论工作轴是否处于活动状态，工作轴启用时即为默认的坐标系。
- 拾取坐标系：这种坐标系是使用场景中另一个对象的坐标轴为坐标系。

2.6.2 "使用中心"工具的应用

"使用中心"工具可以通过调整几何中心来控制旋转和缩放对象时的变化。在工具栏中的"使用中心"按钮 上按住鼠标左键不放，在弹出的下拉列表中即可选择需要的"使用中心"工具，包括"使用轴点中心"工具 、"使用选择中心"工具 和"使用变换坐标中心"工具 3 种。

- "使用轴点中心"工具 ：可以围绕多个对象各自的轴点进行旋转或缩放，如图 2-53 所示。

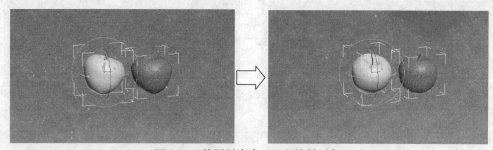

图 2-53　使用轴点中心工具旋转对象

- "使用选择中心"工具 ：可以围绕多个对象共同的几何中心进行旋转或缩放，如图 2-54 所示。

图 2-54　使用选择中心工具旋转对象

- "使用变换坐标中心"工具■：可以围绕当前坐标系的中心对所选对象进行旋转或缩放，如图 2-55 所示。

图 2-55 使用变换坐标中心工具旋转对象

2.6.3 改变轴心

在移动、旋转或缩放对象时，可以通过该坐标轴轴心位置来调整对象变换时的参考中心。当选择对象后，坐标轴轴心默认位于对象的中心，如果此时对该对象进行旋转，效果将如图 2-56 所示。

图 2-56 在默认轴心位置旋转对象的效果

如果想以茶壶的手把为旋转中心，可以通过改变轴心来实现。选中需旋转的对象，在命令面板中单击"层次"选项卡■，接着单击 ▭ 仅影响轴 ▭ 按钮，然后将坐标轴移动到茶壶手把后面，再次单击 ▭ 仅影响轴 ▭ 按钮，此时旋转对象的效果如图 2-57 所示。

图 2-57 改变轴心位置后旋转对象的效果

2.7 课堂实训——制作简约欧式吊灯

下面将通过制作简约欧式吊灯模型，综合练习本章介绍的知识，制作前后的效果对比如图 2-58 所示。

素材文件：素材\第 2 章\diaodeng.max	效果文件：效果\第 2 章\diaodeng.max
视频文件：视频\第 2 章\2-8.swf	操作重点：缩放、克隆、镜像、对齐、成组、阵列

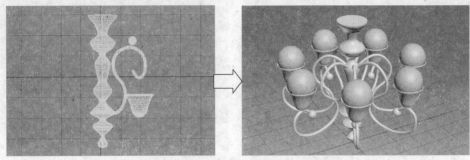

图 2-58　简约欧式吊灯效果

操作步骤

1　打开素材提供的"diaodeng.max"文件，按【W】键切换到"选择并移动"工具，利用左视图和顶视图将灯轴的位置调整到网格中心，如图 2-59 所示。

图 2-59　调整灯轴位置

2　在左视图中选择支架对象，单击工具栏上的"镜像"按钮，在打开的对话框中依次选中"Y"单选项和"不克隆"单选项，最后单击　确定　按钮，如图 2-60 所示。

3　按【E】键切换到"选择并旋转"工具，在顶视图中将支架旋转为水平状态，如图 2-61 所示。

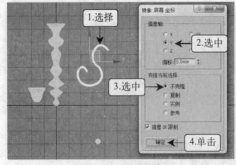
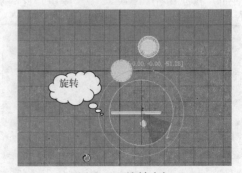

图 2-60　镜像支架　　　　　　　　　图 2-61　旋转支架

4　按【W】键切换到"选择并移动"工具，利用顶视图和前视图调整支架的位置，使其与灯轴相连，效果如图 2-62 所示。

5　利用顶视图和前视图调整支架圆球的位置，使其与支架尾部相连，效果如图 2-63 所示。

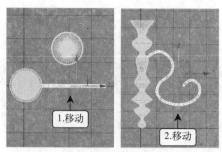
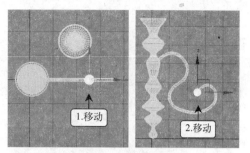

图 2-62　移动支架　　　　　　　　　　　图 2-63　移动支架圆球

6 按住【Shift】键拖动支架圆球，释放鼠标后打开"克隆选项"对话框，选中"复制"单选项，将副本数设置为"1"，单击 确定 按钮，如图 2-64 所示。

7 按【R】键切换到"选择并缩放"工具，适当放大圆球的尺寸，如图 2-65 所示。

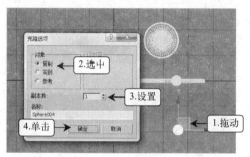
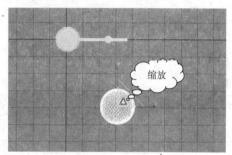

图 2-64　复制球体　　　　　　　　　　　图 2-65　放大球体

8 切换到"选择并移动"工具，选择连接在一起的支架和小球，选择【组】/【成组】菜单命令，如图 2-66 所示。

9 打开"组"对话框，在"组名"文本框中输入"dengzuo"，单击 确定 按钮，如图 2-67 所示。

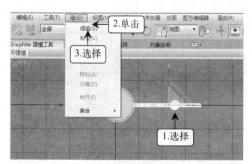
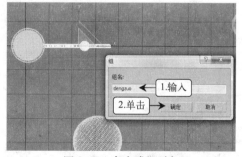

图 2-66　成组对象　　　　　　　　　　　图 2-67　命名成组对象

10 在顶视图中选择灯座对象，单击工具栏上的"对齐"按钮，然后单击支架对象，如图 2-68 所示。

11 在打开的对话框中选中"Y 位置"复选框，将当前对象和目标对象的对齐位置均设置为"中心"，单击 确定 按钮，如图 2-69 所示。

12 利用顶视图和前视图调整灯座位置，使其位于支架尾部上方，效果如图 2-70 所示。

13 按相同方法将灯泡对齐到支架中心并调整其位置，效果如图 2-71 所示。

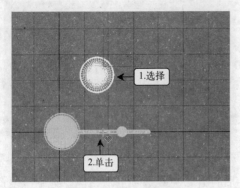

图 2-68　对齐对象

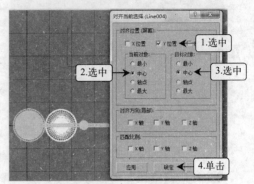

图 2-69　设置对齐参数

在调整对象位置时，为了尽可能地保持精确，可以通过对齐功能调整对象位置，然后通过拖动平面视图中的某个坐标轴水平或垂直地移动对象位置。

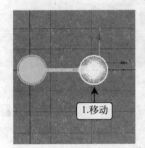

图 2-70　调整灯座位置

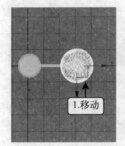

图 2-71　调整灯泡位置

14 选择灯泡对象，选择【组】/【附加】菜单命令，如图 2-72 所示。

15 单击支架对象，将灯泡附加到该组中，如图 2-73 所示。

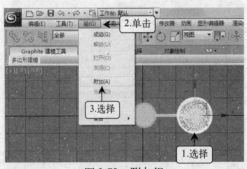

图 2-72　附加组

图 2-73　选择附加对象

16 按相同方法将灯座对象附加到"dengzuo"组中，如图 2-74 所示。

17 选择"dengzuo"组对象，单击命令面板中的"层次"选项卡 ，单击 仅影响轴 按钮，将坐标轴水平移动到灯轴中心，如图 2-75 所示。

18 单击 仅影响轴 按钮，然后选择【工具】/【阵列】菜单命令，如图 2-76 所示。

图 2-74　附加组

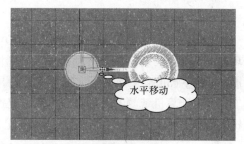
图 2-75　移动轴心

19 打开"阵列"对话框，单击"旋转"项目右侧的 ▷ 按钮，将增量控制转到总计控制，在 Z 轴对应的角度数值框中输入"360.0"，在"阵列维度"下"1D"单选项右侧的数值框中输入"7"，单击 预览 按钮预览效果，确认无误后单击 确定 按钮，如图 2-77 所示。

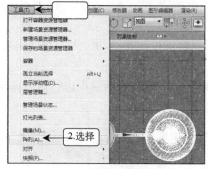
图 2-76　阵列灯组

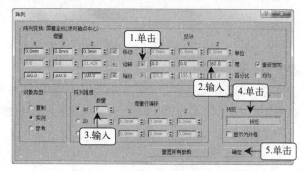
图 2-77　旋转阵列

20 框选所有对象，选择【组】/【炸开】菜单命令炸开组，如图 2-78 所示。

21 利用【Ctrl】键选择所有灯泡对象，将其颜色更改为浅蓝色即可，如图 2-79 所示。

图 2-78　炸开组

图 2-79　更改灯泡颜色

2.8　疑难解答

1. 问：为什么在透视图中缩放对象时，无论怎么操作，对象总是会变形呢？

答：应该是缩放工具的使用问题。3ds Max 2013 提供了 3 种缩放工具，要想在透视图中使缩放对象不产生变形效果，需使用"选择并均匀缩放"工具 或"选择并非均匀缩放"工具 ，并在 3 个坐标轴的中心拖动鼠标都可以实现操作。但如果使用"选择并挤压"工具 ，就会出现变形的效果了。

2. 问：当需要撤销一些操作时，为什么撤销了几步后就不能继续撤销了呢？

答：可以根据实际情况设置 3ds Max 2013 撤销功能步数，其方法为：选择【自定义】/【首选项】菜单命令，打开"首选项设置"对话框，在"常规"选项卡的"场景撤销"栏中即可设置撤销步数，如图 2-80 所示。需要注意的是，该步数级别设置得越大，虽然可以撤销更多的操作，但对计算机资源的占用也会越大，配置相对较低的计算机则会出现运行不流畅甚至频繁死机的现象。因此撤销步数应根据计算机配置的情况进行设置，建议以 15~20 步为宜。

图 2-80　更改撤销步数

3. 问：在移动、旋转或缩放对象时，有什么方法可以精确控制其移动位置、旋转角度或缩放大小呢？

答：可以在工具栏中相应的按钮上单击鼠标右键，然后在打开的对话框中进行设置即可，如图 2-81 所示依次为精确移动、精确旋转和精确缩放对象的控制对话框。

图 2-81　精确控制对象移动、旋转和缩放的对话框

4. 问：移动对象时，可以直接拖动对象实现将其单独在水平或垂直方向上移动的效果吗？

答：可以使用轴约束功能来达到此目的，方法为：在工具栏空白区域单击鼠标右键，在弹出的快捷菜单中选择"轴约束"命令，此时将打开"轴约束"工具栏，单击需要约束的轴按钮后，拖动对象即可使其在对应的坐标轴上移动。此功能也适用于旋转和缩放对象等其他操作。

2.9　课后练习

1. 打开素材提供的"jiuping.max"文件（素材文件：素材\第 2 章\课后练习\jiuping.max），克隆出另一个酒瓶，并将其水平放置，效果如图 2-82 所示（效果文件：效果\第 2 章\课后练习\jiuping.max）。（提示：利用 90°角度捕捉工具旋转酒瓶）

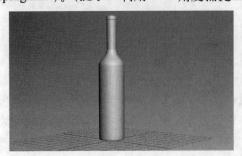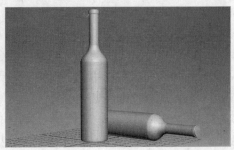

图 2-82　克隆并调整酒瓶

2. 打开素材提供的"jiubei.max"文件（素材文件：素材\第 2 章\课后练习\jiubei.max），将对象组成为一个酒杯，并阵列出其他酒杯，效果如图 2-83 所示（效果文件：效果\第 2 章\课后练习\jiubei.max）。（提示：中心对齐对象后进行移动阵列）

图 2-83　组合并阵列酒杯

3. 打开素材提供的"guazhong.max"文件（素材文件：素材\第 2 章\课后练习\guazhong.max），通过阵列、克隆等方法将对象组成为挂钟后，将其旋转放置到墙面上，效果如图 2-84 所示（效果文件：效果\第 2 章\课后练习\guazhong.max）。（提示：30°角度捕捉复制出时刻对象，克隆时针并缩放，成组对象后 90°角度捕捉旋转对象）

图 2-84　组装挂钟模型

第 3 章　基本体建模

内容提要

基本体建模包括标准基本体、扩展基本体和建筑对象等大量的建模对象。充分了解并掌握这些基本体的创建和设置方法，可以尽可能地避免使用复杂图形来创建模型，以提高建模效率。本章将详细介绍 3ds Max 2013 中各种基本体的创建方法和修改方法。

学习重点与难点

➢ 掌握长方体、球体、圆柱体、圆锥体和几何球体的建模方法
➢ 掌握异面体、球棱柱、棱柱、软管和环形波的建模方法
➢ 掌握门、窗、楼梯和 AEC 扩展对象的建模方法

3.1 标准基本体

标准基本体就是现实世界中的各种基本几何物体，如长方体、球体、圆柱体以及圆环等。通过标准基本体创建模型，不仅可以快速方便地创建各种简单的对象，也可以在复杂模型中应用这些对象。

3.1.1 长方体

长方体适用于创建墙面、书桌和板材等各种棱角分明的模型，其卷展栏参数如图 3-1 所示。

图 3-1　长方体建模的相关参数

对象的分段数越高，显示就越圆滑，对于长方体而言，虽然不存在圆滑的体现，但分段数越高，利用修改器等功能编辑长方体时就越方便。但需要注意的是，分段数越高的同时，系统占用的资源也越大，软件运行的负担就会加重，因此分段数的设置并不是越高越好。

下面以使用长方体创建一个简单的墙面为例，介绍创建与设置该基本体的方法。

上机实战 3-1 创建墙面模型

素材文件：无	效果文件：效果\第 3 章\qiangmian.max
视频文件：视频\第 3 章\3-1.swf	操作重点：长方体的创建与设置

1 新建场景文件，在命令面板中单击"创建"选项卡，单击"几何体"按钮，在下方的下拉列表框中选择"标准基本体"选项，单击 长方体 按钮，然后在前视图中按住鼠标左键不放，拖动鼠标绘制长方体的长度和宽度，如图 3-2 所示。

2 释放鼠标后继续移动鼠标确定长方体的高度，单击鼠标完成创建，如图 3-3 所示。

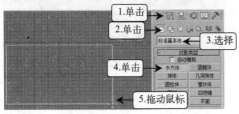

图 3-2 绘制长方体长度和宽度

图 3-3 确定长方体高度

3 单击命令面板中的"修改"选项卡，分别将长度、宽度和高度修改为"140.0mm"、"280.0mm"和"10.0mm"，如图 3-4 所示。

4 在顶视图中利用【Shift】键沿 y 轴克隆一个长方体，如图 3-5 所示。

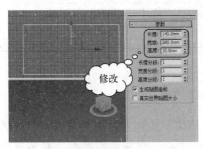

图 3-4 精确调整长方体大小

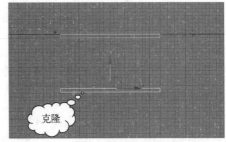

图 3-5 克隆长方体

5 将角度捕捉设置为"90°"，开启角度捕捉，按住【Shift】键的同时，利用旋转工具旋转 90°克隆一个长方体，如图 3-6 所示。

6 通过对齐工具，将克隆的长方体与如图 3-7 所示的长方体对齐，其中 x 轴方向为"最小对齐最小"，y 轴方向为"最大对齐最小"。

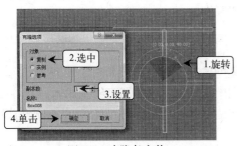

图 3-6 克隆长方体

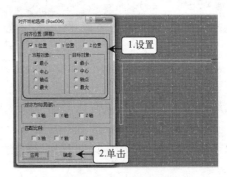

图 3-7 对齐长方体

7 对齐下方的长方体，然后克隆 y 轴方向的长方体并将宽度修改为"100mm"，如图 3-8 所示。

8 克隆调整宽度后的长方体，将其沿 x 轴移到右侧即可，效果如图 3-9 所示。

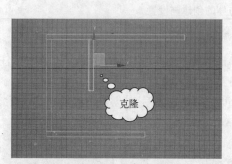

图 3-8　克隆长方体

图 3-9　克隆长方体

3.1.2　圆柱体

圆柱体适用于创建杯体、圆柱形支柱等模型，其卷展栏参数如图 3-10 所示。

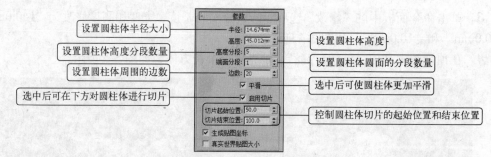

图 3-10　圆柱体建模的相关参数

在命令面板中单击"创建"选项卡，单击"几何体"按钮，在下方的下拉列表框中选择"标准基本体"选项，单击 圆柱体 按钮，在视图中拖动鼠标绘制圆面，释放鼠标后移动鼠标确定圆柱体高度，单击鼠标即可创建圆柱体，如图 3-11 所示。

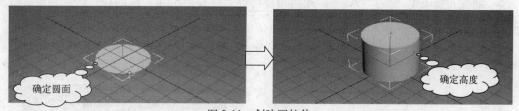

图 3-11　创建圆柱体

3.1.3　球体

球体用于创建各种具有球形和半球形外观的模型，其卷展栏参数如图 3-12 所示。

在标准基本体中单击 球体 按钮，并在视图中拖动鼠标绘制即可绘制球体。

下面通过制作一个简单的路灯模型为例，介绍球体、半球体和圆柱体的创建与设置方法。

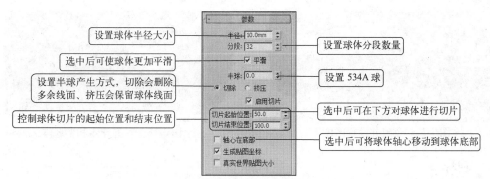

图 3-12　球体建模的相关参数

 上机实战 3-2　创建路灯模型

素材文件：无	效果文件：效果\第 3 章\ludeng.max
视频文件：视频\第 3 章\3-2.swf	操作重点：创建球体、半球体和圆柱体

1　新建场景文件，在命令面板的标准基本体中单击▇▇ 球体 ▇▇ 按钮，在顶视图中拖动鼠标绘制球体，如图 3-13 所示。

2　单击命令面板中的"修改"选项卡 ▨，将半径设置为"30.0mm"、将分段数设置为"40"、将半球设置为"0.7"，如图 3-14 所示。

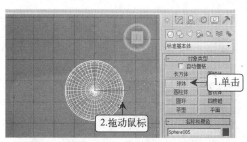

图 3-13　创建球体

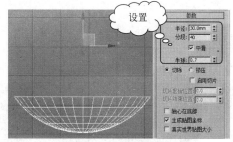

图 3-14　设置球体参数

3　利用缩放工具在前视图中将半球体拉长并镜像克隆出另一个半球体，如图 3-15 所示。

4　在标准基本体中绘制一个圆柱体，将半径设置为"0.5mm"、高度设置为"30.0mm"，边数设置为"18"，然后将其与两个半球体中心对齐，如图 3-16 所示。

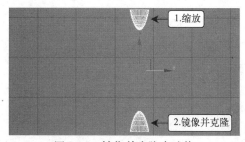

图 3-15　镜像并克隆半球体

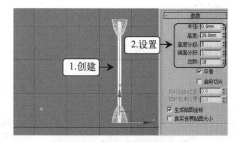

图 3-16　创建并设置圆柱体

5　创建一个球体，半径与分段数分别设置为"30.0mm"和"40"，如图 3-17 所示。

6　将球体中心对齐到半球体，调整 z 轴上的位置，效果如图 3-18 所示。

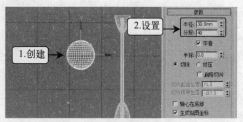

图 3-17　创建并设置球体

图 3-18　对齐球体和半球体

3.1.4　圆环

圆环适用于创建各种环状体模型，其卷展栏参数如图 3-19 所示。

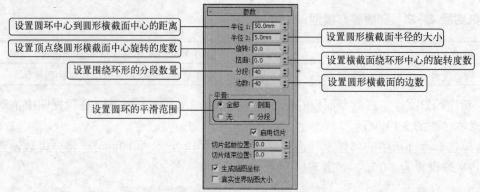

图 3-19　圆环建模的相关参数

在命令面板的标准基本体界面中单击 圆环 按钮，在视图中拖动鼠标绘制圆环大小，释放鼠标后移动鼠标确定圆环粗细，单击鼠标即可创建圆环，如图 3-20 所示。

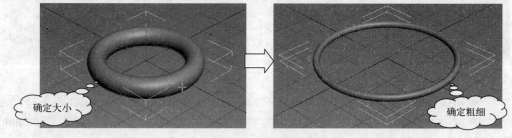

图 3-20　创建圆环

3.1.5　茶壶

茶壶适用于创建各种茶壶壶体、壶杯等模型，其卷展栏参数如图 3-21 所示。

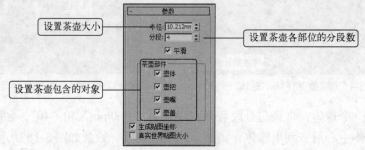

图 3-21　茶壶建模的相关参数

在命令面板的标准基本体界面中单击 茶壶 按钮，在视图中拖动鼠标即可创建所需大小的茶壶对象，创建完成后可在"修改"选项卡中设置茶壶包含的对象，如图 3-22 所示。

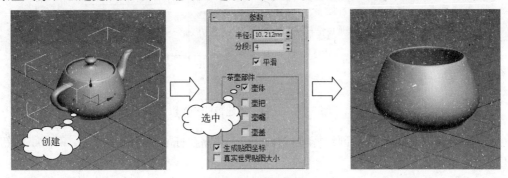

图 3-22 创建茶壶

3.1.6 圆锥体

圆锥体适用于创建直立或倒立的各种具有圆锥外观的模型，其卷展栏参数如图 3-23 所示。

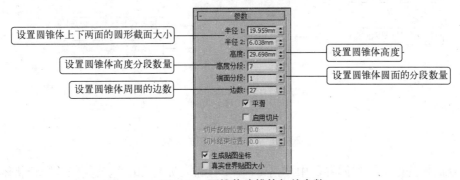

图 3-23 圆锥体建模的相关参数

在命令面板的标准基本体界面中单击 圆锥体 按钮，在视图中拖动鼠标绘制圆锥体某一圆形截面的大小，释放鼠标后移动鼠标确定圆锥体高度，单击鼠标后移动鼠标确定另一圆形截面大小，最后单击鼠标完成创建，如图 3-24 所示。

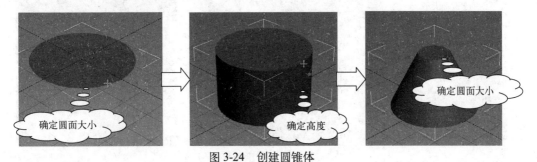

图 3-24 创建圆锥体

3.1.7 几何球体

几何球体能够生成规则的曲面，使创建的模型更加平滑。几何球体的卷展栏参数如图 3-25 所示。

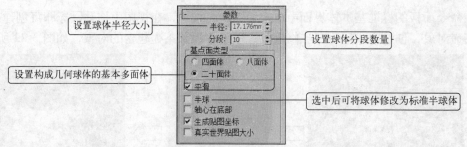

图 3-25　几何球体建模的相关参数

创建几何球体的方法与创建标准球体相同，只需在标准基本体中单击 几何球体 按钮，并在视图中拖动鼠标绘制即可。

3.1.8　管状体

管状体适用于创建各种中空的圆形和棱柱管道等模型，其卷展栏参数如图 3-26 所示。

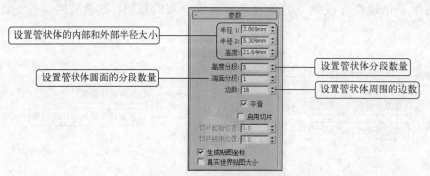

图 3-26　管状体建模的相关参数

在命令面板的标准基本体界面中单击 管状体 按钮，在视图中拖动鼠标绘制管状体某一圆形截面的大小，释放鼠标后移动鼠标确定管状体粗细，单击鼠标后移动鼠标确定管状体长度，最后单击鼠标完成创建，如图 3-27 所示。

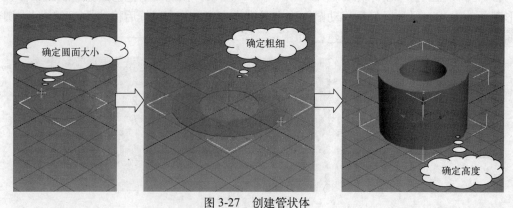

图 3-27　创建管状体

3.1.9　四棱锥

四棱锥适用于创建具有矩形截面的锥体模型，其卷展栏参数如图 3-28 所示。

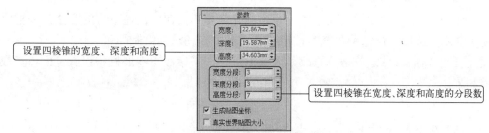

图 3-28　四棱锥建模的相关参数

在命令面板的标准基本体界面中单击 四棱锥 按钮，在视图中拖动鼠标绘制四棱锥的矩形截面大小，释放鼠标后移动鼠标确定四棱锥高度，单击鼠标完成创建，如图 3-29 所示。

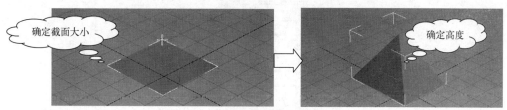

图 3-29　创建四棱锥

3.1.10　平面

平面是一种特殊的平面多边形网格，适用于创建地面或地平面等模型，其卷展栏参数如图 3-30 所示。

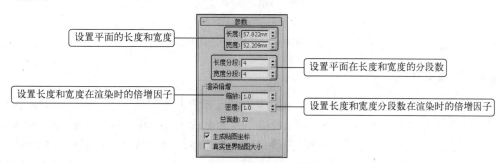

图 3-30　平面建模的相关参数

在标准基本体中单击 平面 按钮，并在视图中拖动鼠标绘制平面即可。

3.2　扩展基本体

扩展基本体是 3ds Max 2013 的各种复杂基本体的集合，相对于标准基本体而言，扩展基本体的结构更加复杂，合理地在建模时使用这些基本体对象，可以更快速地创建精美的模型。

3.2.1　异面体

异面体适用于创建各种多面体模型，如图 3-31 所示。

图 3-31　各种异面体模型

在命令面板中单击"创建"选项卡 ，单击"几何体"按钮 ，在下方的下拉列表框中选择"扩展基本体"选项，单击 异面体 按钮，在视图中拖动鼠标绘制即可。

创建异面体后，可以单击"修改"选项卡 ，在"参数"卷展栏中设置异面体参数，如图 3-32 所示。

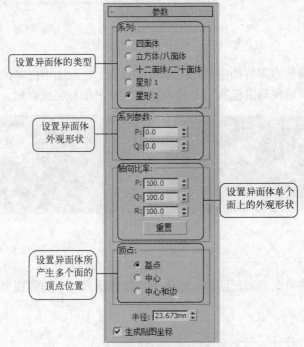

设置异面体的类型

设置异面体外观形状

设置异面体单个面上的外观形状

设置异面体所产生多个面的顶点位置

图 3-32 异面体建模参数

3.2.2 切角长方体

切角长方体适用于创建具有倒角或圆形边的各种长方体模型。在命令面板的扩展基本体中单击 切角长方体 按钮，在视图中拖动鼠标绘制矩形截面大小，单击鼠标并移动鼠标确定切角长方体高度，再次单击鼠标并移动鼠标确定切角长方体圆角，最后单击鼠标完成创建。

切角长方体与普通长方体相比，其边缘更加平滑，如图 3-33 所示。经常在建模中用于创建沙发坐垫、圆角桌面等大量对象，使用十分广泛。

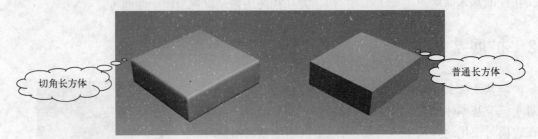

切角长方体

普通长方体

图 3-33 切角长方体比普通长方体的边缘更加平滑

创建切角长方体后，可以单击"修改"选项卡 ，在"参数"卷展栏中设置其参数，如图 3-34 所示。

下面通过使用切角长方体创建一个单人沙发为例，介绍该对象的创建与设置方法。

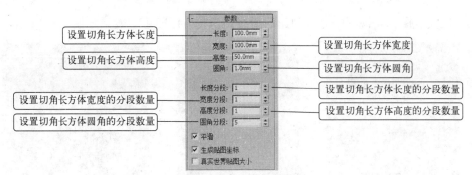

图 3-34　切角长方体建模参数

上机实战 3-3　创建单人沙发模型

素材文件：无	效果文件：效果\第 3 章\shafa.max
视频文件：视频\第 3 章\3-3.swf	操作重点：切角长方体的创建与设置

1　新建场景文件，在命令面板中单击"创建"选项卡，单击"几何体"按钮，在下方的下拉列表框中选择"扩展基本体"选项，单击 切角长方体 按钮，然后在顶视图创建切角长方体，长度、宽度、高度和圆角度及其对应的分段数设置为如图 3-35 所示的效果。

2　在前视图沿 y 轴克隆切角长方体，修改高度和圆角度，如图 3-36 所示。

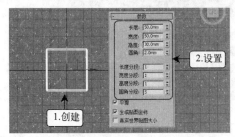
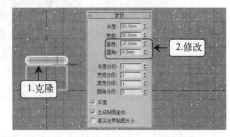

图 3-35　创建切角长方体　　　　　　图 3-36　克隆并修改切角长方体

3　在前视图中继续创建切角长方体，长度、宽度、高度和圆角度数及其对应的分段数设置为如图 3-37 所示的效果，然后将创建的切角长方体沿 x 轴克隆一个。

4　在顶视图中创建切角长方体，长度、宽度、高度和圆角度数及其对应的分段数设置为如图 3-38 所示的效果。

3ds Max 2013 会自动记忆上一次操作中设置的参数信息，当创建多个相同的对象时，只需直接创建即可，后面创建的对象会自动应用第一个对象上的所有参数。

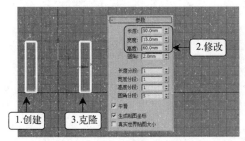
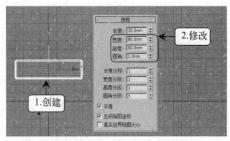

图 3-37　创建并克隆切角长方体　　　　图 3-38　创建切角长方体

5 在顶视图和左视图中对齐创建的所有切角长方体即可，效果如图 3-39 所示。

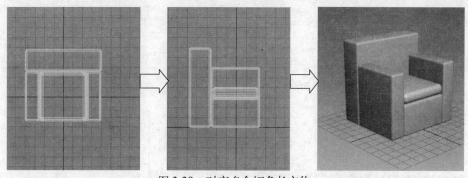

图 3-39　对齐多个切角长方体

3.2.3　油罐、胶囊和纺锤

油罐、胶囊和纺锤的外观和创建方法都十分相似，不同之处在于，油罐创建的是带有凸面封口的圆柱体，胶囊创建的是带有半球状端点封口的圆柱体，纺锤创建的则是带有圆锥封口的圆柱体，如图 3-40 所示。

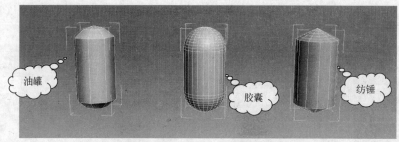

图 3-40　油罐、胶囊和纺锤

在命令面板的扩展基本体中单击 油罐 按钮、 胶囊 按钮或 纺锤 按钮，在视图中拖动鼠标确定对象的粗细，单击鼠标并移动鼠标确定对象的高度，再次单击鼠标并移动鼠标确定对象封口高度，最后单击鼠标完成油罐、胶囊和纺锤的创建（胶囊无须确定封口高度）。

创建对象后可以单击"修改"选项卡，在"参数"卷展栏中设置其参数。如图 3-41 所示，从左到右依次为油罐、胶囊和纺锤的修改参数界面。

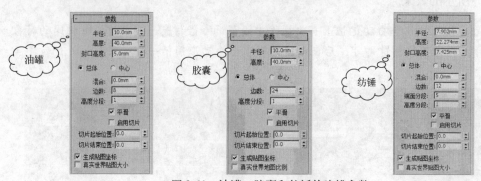

图 3-41　油罐、胶囊和纺锤的建模参数

● "半径"数值框：设置对象粗细。

- "高度"数值框：设置对象高度。
- "封口高度"数值框：设置对象封口高度，胶囊无封口。
- "总体"和"中心"单选项：设置封口高度的参考位置。
- "混合"数值框：设置封口与柱体衔接程度。
- "边数"数值框：设置对象周围的边数。
- "端面分段"数值框：设置对象端面分段数，油罐和胶囊无此选项。
- "高度分段"数值框：设置对象高度的分段数。

3.2.4　球棱柱

球棱柱可以创建具有圆角的不同边数规则面的多边形模型，如图 3-42 所示。在命令面板的扩展基本体中单击 球棱柱 按钮，在视图中拖动鼠标确定球棱柱的粗细，单击鼠标并移动鼠标确定球棱柱的高度，再次单击鼠标并移动鼠标确定圆角程度，最后单击鼠标完成球棱柱的创建。

创建球棱柱后，可以单击"修改"选项卡 ，在"参数"卷展栏中设置球棱柱参数，如图 3-43 所示。

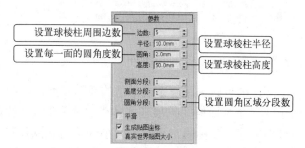

图 3-42　不同边数的球棱柱模型

图 3-43　球棱柱建模参数

3.2.5　切角圆柱体

切角圆柱体可以创建具有倒角或圆形封口边的圆柱体模型，如图 3-44 所示。在命令面板的扩展基本体中单击 切角圆柱体 按钮，在视图中拖动鼠标确定该对象的粗细，单击鼠标并移动鼠标确定圆柱体的高度，再次单击鼠标并移动鼠标确定圆角程度，最后单击鼠标完成创建切角圆柱体的创建。

创建切角圆柱体后，可以单击"修改"选项卡 ，在"参数"卷展栏中设置切角圆柱体参数，如图 3-45 所示。各参数的作用与前面对象的参数作用相同，这里不再加以标注。

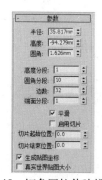

图 3-44　不同边数的切角圆柱体模型

图 3-45　切角圆柱体建模参数

3.2.6 棱柱

棱柱可以创建具有独立分段面的三面棱柱模型，如图 3-46 所示。在命令面板的扩展基本体中单击 棱柱 按钮，在视图中拖动鼠标确定截面第一条边的长度，单击鼠标并移动鼠标确定另外两条边的长度，再次单击鼠标并移动鼠标确定棱柱高度，最后单击鼠标完成棱柱的创建。

创建棱柱后，可以单击"修改"选项卡 ，在"参数"卷展栏中设置棱柱的参数，如图 3-47 所示。

图 3-46 不同形状的棱柱模型

图 3-47 棱柱建模参数

3.2.7 环形结

环形结可以创建复杂或带结的环形模型，如图 3-48 所示。在命令面板的扩展基本体中单击 环形结 按钮，在视图中拖动鼠标确定环形结大小，单击鼠标并移动鼠标确定横截面粗细，再次单击鼠标完成环形结的创建。

创建环形结后，可以单击"修改"选项卡 ，在"参数"卷展栏中设置环形结的参数，如图 3-49 所示。

图 3-48 不同外观的环形结模型

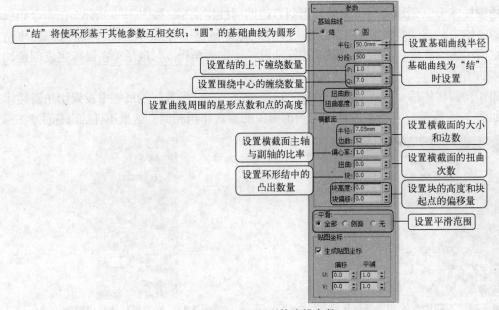

图 3-49 环形结建模参数

3.2.8 软管

软管是一种能连接两个对象的弹性对象，它能随对象位置的变化而变化，如图 3-50 所示分别为不同截面的独立软管和连接到目标对象的软管模型。

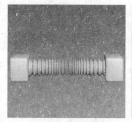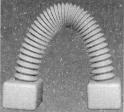

图 3-50　不同截面的软管模型和连接有目标对象的软管模型

在命令面板的扩展基本体中单击 软管 按钮，在视图中拖动鼠标确定软管横截面大小，单击鼠标并移动鼠标确定软管长度，再次单击鼠标完成软管的创建。

 如果要创建随对象位置变化而变化的软管模型，可以选择该软管，并在命令面板中单击"修改"选项卡，在"端点方法"栏中选中"绑定到对象轴"单选项，并在"绑定对象"栏中设置需绑定的顶部对象和底部对象即可。

软管模型的建模参数相对更加复杂，具体如图 3-51 所示。

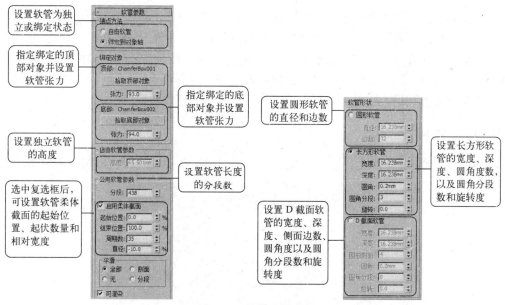

图 3-51　软管建模参数

3.2.9 环形波

环形波可以创建不规则内部和外部边的模型，非常适合于动画中表现冲击波的效果，如图 3-52 所示。

在命令面板的扩展基本体中单击 环形波 按钮，在视图中拖动鼠标确定环形波大小，单击鼠标并移动鼠标确定环形波内部截面大小，再次单击鼠标完成环形波的创建。

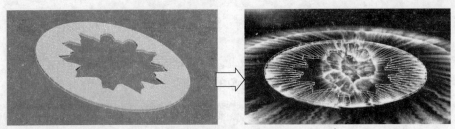

图 3-52　环形波

环形波的建模参数较多，包括环形波大小、环形波计时、外边波折以及内边波折等，如图 3-53 所示。

图 3-53　环形波建模参数

- "半径"数值框：设置环形波外部半径大小。
- "径向分段"数值框：设置内外曲面之间的分段数。
- "环形宽度"数值框：设置环形波内部留空大小。
- "边数"数值框：设置曲面沿圆周方向的分段数。
- "高度"数值框：设置主环形波厚度。
- "高度分段"数值框：设置环形波高度的分段数。
- "环形波计时"栏：该栏主要用于设置环形波从 0 增加到设置大小时的动画效果。
- "外边波折"栏：该栏主要用于设置环形波外部的形状变化。
- "内边波折"栏：该栏主要用于设置环形波内部的形状变化。

3.2.10　L-Ext 和 C-Ext

L-Ext 和 C-Ext 可以创建 L 型和 C 型对象，适用于墙面模型的创建，如图 3-54 所示。

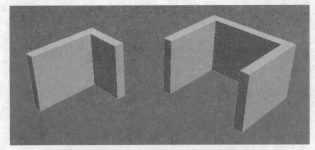

图 3-54　L-Ext 和 C-Ext 创建的模型

创建 L-Ext 和 C-Ext 的方法非常相似，只需在命令面板的扩展基本体中单击 L-Ext 按钮或 C-Ext 按钮，在视图中拖动鼠标确定底部大小，单击鼠标并移动鼠标确定对象高度，再次单击鼠标并移动鼠标确定对象厚度，最后单击鼠标完成创建。

L-Ext 和 C-Ext 的建模参数比较简单，分别如图 3-55 所示。

图 3-55 L-Ext 和 C-Ext 建模参数

3.3 建筑对象

3ds Max 2013 在基本体建模中还提供了一些常用的建筑对象，包括门、窗、楼梯、植物、墙以及栏杆等，可以在场景中快速调用它们提高建模效率。

3.3.1 门

3ds Max 2013 提供了枢轴门、推拉门和折叠门 3 种门样式，在命令面板中单击"创建"选项卡 ，然后单击"几何体"按钮 ，在下方的下拉列表框中选择"门"选项，单击需要创建的门类型对应的按钮，然后在视图中按住鼠标左键不放并拖动鼠标确定门的宽度和角度，单击鼠标并移动鼠标确定门的深度，再次单击鼠标并移动鼠标确定门的高度，最后单击鼠标完成门的创建。

- 枢轴门：枢轴门是最常见的门，这种门的一侧装有铰链，如图 3-56 所示。创建了枢轴门后，可以在命令面板中对其参数进行设置，其中"参数"卷展栏可以设置门的高度、宽度、深度、单双门、开门方向、打开角度和门框的宽度、深度等属性，"页扇参数"卷展栏可设置门的厚度、梁顶、底梁尺寸、门上显示的窗格数以及镶板的材质、厚度、倒角度等属性，如图 3-57 所示。

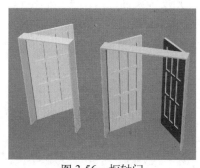

图 3-56 枢轴门

图 3-57 枢轴门建模参数

- 推拉门：推拉门的一半固定不动，另一半可以推拉，如图 3-58 所示。其参数设置与枢轴门基本相同，如图 3-59 所示。

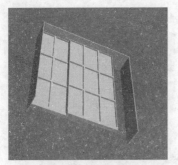

图 3-58　推拉门

图 3-59　推拉门建模参数

● 折叠门：折叠门的一侧同样装有铰链，打开后会有折叠的效果，如图 3-60 所示。其参数设置也与枢轴门基本相同，如图 3-61 所示。

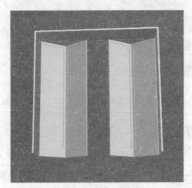

图 3-60　折叠门

图 3-61　折叠门建模参数

3.3.2　窗

在 3ds Max 2013 的命令面板中单击"创建"选项卡 ，再单击"几何体"按钮 ，在下方的下拉列表框中选择"窗"选项，单击需要创建的窗类型对应的按钮，然后在视图中按照创建门的方法即可轻松创建各种窗户对象。

3ds Max 2013 提供了 6 种窗户对象，具体如下。

● 遮篷式窗：遮篷式窗具有一个或多个可在顶部转动的窗框，如图 3-62 所示。在其参数面板中可以对窗户、窗框、玻璃、窗格以及窗户打开角度等属性进行设置，如图 3-63 所示。

图 3-62　遮篷式窗

图 3-63　遮蓬式窗建模参数

- 平开窗：平开窗具有一个或两个可在侧面转动的窗框，这种窗户的结构类似枢轴门的结构，如图 3-64 所示。在其参数面板中同样可以对窗户、窗框、玻璃、窗扉以及窗户打开角度等属性进行设置，如图 3-65 所示。

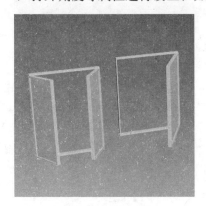

　　　　图 3-64　平开窗　　　　　　　　　　　　图 3-65　平开窗建模参数

- 固定窗：固定窗是一种永久关闭的窗户，如图 3-66 所示。在其参数面板中可以对窗户、窗框、玻璃以及窗格等属性进行设置，如图 3-67 所示。

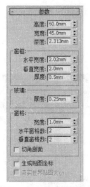

　　　　图 3-66　固定窗　　　　　　　　　　　　图 3-67　固定窗建模参数

- 旋开窗：旋开窗是一种具有一个窗框，可以垂直或水平旋转的窗户，如图 3-68 所示。在其参数面板中同样可以对窗户、窗框、玻璃、窗格、旋转轴以及窗户打开角度等属性进行设置，如图 3-69 所示。

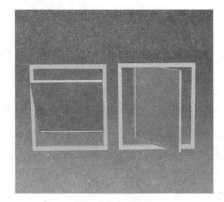

　　　　图 3-68　旋开窗　　　　　　　　　　　　图 3-69　旋开窗建模参数

- 伸出式窗：伸出式窗具有 3 个窗框，其中顶部窗框不能移动，下方的两个窗框可以向相反的方向打开，如图 3-70 所示。在其参数面板中可以对窗户、窗框、玻璃、窗格以及窗户打开角度等属性进行设置，如图 3-71 所示。

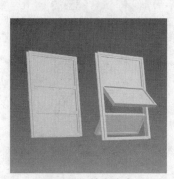

图 3-70　伸出式窗

图 3-71　伸出式窗建模参数

- 推拉窗：推拉窗具有 2 个窗框，一个固定，一个可以移动，如图 3-72 所示。在其参数面板中同样可以对窗户、窗框、玻璃、窗格以及窗户打开角度等属性进行设置，如图 3-73 所示。

图 3-72　推拉窗

图 3-73　推拉窗建模参数

3.3.3　楼梯

楼梯是相对较为复杂的建筑对象，在 3ds Max 2013 中创建楼梯虽然很方便，但需要对楼梯的建模参数有所掌握，才能得到需要的楼梯模型。

1．直线楼梯

在命令面板中单击"创建"选项卡，单击"几何体"按钮，在下方的下拉列表框中选择"楼梯"选项，单击 直线楼梯 按钮，在视图中按住鼠标左键不放并拖动鼠标确定楼梯长度，拖动鼠标并单击鼠标确定楼梯宽度，继续拖动鼠标并单击鼠标确定楼梯高度，最后单击鼠标完成直线楼梯创建。

下面重点介绍直线楼梯各参数的用法。

- "**类型**"栏：该栏用于设置楼梯的类型，包括开放式、封闭式和落地式等样式，如图 3-74 所示。

图 3-74　不同类型的直线楼梯

- "**生成几何体**"栏：该栏用于设置楼梯的其他辅助结构，如图 3-75 所示。其中侧弦将沿着楼梯的梯级端点创建出模型；支撑梁将在梯级下创建一个倾斜的切口梁；扶手和扶手路径将创建楼梯左右的扶手模型和扶手路径。
- "**布局**"栏：该栏用于设置楼梯的长度和宽度，如图 3-76 所示。
- "**梯级**"栏：该栏用于设置楼梯的阶梯高度和数量，如图 3-77 所示。设置时需单击 按钮将对应的参数固定，然后调整其他参数的数量进行控制。
- "**台阶**"栏：该栏用于设置阶梯的厚度和深度，如图 3-78 所示。

图 3-75　生成几何体　　　图 3-76　布局　　　　图 3-77　梯级　　　　图 3-78　台阶

- "**支撑梁**"卷展栏：当类型设置为"开放式"，并在"生成几何体"栏中选中了"支撑梁"复选框后，便可在"支撑梁"卷展栏中设置支撑梁的深度、宽度和起始位置，如图 3-79 所示。
- "**栏杆**"卷展栏：当在"生成几何体"栏中选中了某个扶手复选框后，便可在"栏杆"卷展栏中设置扶手的高度、偏移度、分段数和半径，如图 3-80 所示。
- "**侧弦**"卷展栏：当在"生成几何体"栏中选中了"侧弦"复选框后，便可在"侧弦"卷展栏中设置侧弦的深度、高度、偏移度和起始位置，如图 3-81 所示。

图 3-79　设置支撑梁　　　　图 3-80 设置栏杆　　　　图 3-81　设置侧弦

2. L 型楼梯

在命令面板中单击"创建"选项卡 ，再单击"几何体"按钮 ，在下方的下拉列表框中选择"楼梯"选项，单击 L 型楼梯 按钮，在视图中按住鼠标左键不放并拖动鼠标确定第一段楼梯长度，拖动鼠标并单击鼠标确定第 2 段楼梯的长度、宽度和方向，继续拖动鼠标并单击鼠标确定楼梯高度，最后单击鼠标完成 L 型楼梯的创建，如图 3-82 所示。

L 型楼梯的建模参数除了包含直线楼梯的所有建模参数外，还能在"布局"栏中调整 L 型楼梯的角度和偏移度，如图 3-83 所示。

图 3-82 L 型楼梯

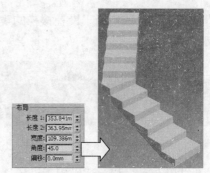

图 3-83 调整 L 型楼梯角度

3. U 型楼梯

在命令面板中单击"创建"选项卡 ，单击"几何体"按钮 ，在下方的下拉列表框中选择"楼梯"选项，单击 U型物梯 按钮，在视图中按住鼠标左键不放并拖动鼠标确定第一段楼梯的长度，移动并单击鼠标确定设置平台宽度，继续拖动鼠标并单击鼠标确定楼梯高度，最后单击鼠标完成 U 型楼梯的创建，如图 3-84 所示。

U 型楼梯的建模参数同样包含直线楼梯的所有建模参数，此外还可以在"布局"栏中分别设置楼梯第一段和第二段的长度，也可以更改 U 型楼梯的布局，如图 3-85 所示。

图 3-84 U 型楼梯

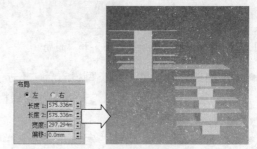

图 3-85 调整 U 型楼梯布局

4. 螺旋楼梯

在命令面板中单击"创建"选项卡 ，单击"几何体"按钮 ，再在下方的下拉列表框中选择"楼梯"选项，单击 螺旋楼梯 按钮，在视图中按住鼠标左键不放并拖动鼠标确定楼梯半径，拖动鼠标并单击鼠标确定楼梯高度，最后单击鼠标完成螺旋楼梯的创建，如图 3-86 所示。

螺旋楼梯的建模参数也包含直线楼梯的所有建模参数，此外还可以在"布局"栏中设置楼梯的半径、旋转方向、旋转强度以及宽度等，如图 3-87 所示。

图 3-86 螺旋楼梯

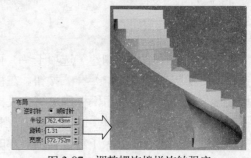

图 3-87 调整螺旋楼梯旋转强度

3.3.4　AEC 扩展

AEC 扩展模型对象经常在建筑、工程和构造领域的设计中使用，3ds Max 2013 的 AEC 扩展模型对象包括植物、栏杆和墙等模型。

1. 植物

在命令面板中单击"创建"选项卡，再单击"几何体"按钮，在下方的下拉列表框中选择"AEC 扩展"选项，单击 植物 按钮，在"收藏的植物"卷展栏中选择某个植物选项，在视图中单击鼠标即可创建相应的植物，如图 3-88 所示。

在创建植物后，可以在命令面板中设置植物的高度、密度、显示内容、树冠显示模式以及详细程度等级等参数，如图 3-89 所示。

图 3-88　各种植物模型

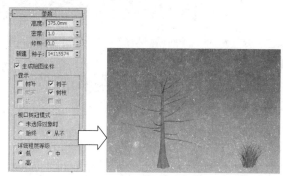

图 3-89　设置植物的显示内容

2. 栏杆

在命令面板中单击"创建"选项卡，单击"几何体"按钮，在下方的下拉列表框中选择"AEC 扩展"选项，单击 栏杆 按钮，在视图中拖动鼠标并单击鼠标确定栏杆的长度，继续拖动鼠标并单击鼠标确定栏杆的高度，最后单击鼠标完成栏杆的创建，如图 3-90 所示。

3ds Max 2013 中的栏杆由上围栏、下围栏、立柱以及栅栏组成，因此创建栏杆后，可以在命令面板中对这些组成部分分别进行设置，如图 3-91 所示便是将所有组成部分的剖面设置为方形的效果。

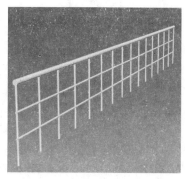

图 3-90　栏杆

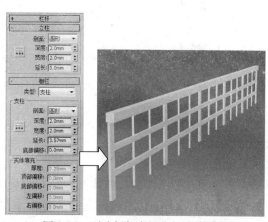

图 3-91　更改栏杆各组成部分的剖面

3. 墙

在命令面板中单击"创建"选项卡█，单击"几何体"按钮◎，在下方的下拉列表框中选择"AEC 扩展"选项，单击█████墙█████按钮，在视图中逐次单击鼠标并拖动鼠标创建墙体即可，如图 3-92 所示。

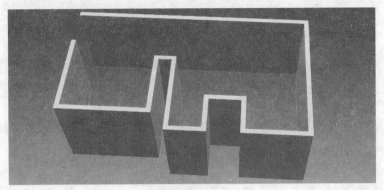

图 3-92　墙

3.4　课堂实训——制作现代简约卧室

下面将通过制作一间卧室场景，综合练习本章介绍的内容，制作后的效果如图 3-93 所示。

素材文件：无	效果文件：效果\第 3 章\woshi.max
视频文件：视频\第 3 章\3-4-1.swf、3-4-2.swf、3-4-3.swf、3-4-4.swf、3-4-5.swf	操作重点：长方体、切角长方体、切角圆柱体、圆锥体、圆环、软管、C-Ext

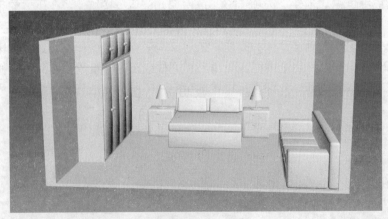

图 3-93　卧室效果图

🌀操作步骤

（1）制作墙体和地面

下面首先利用 C-Ext 和长方体制作卧室的墙体和地面，其中将涉及顶点捕捉的知识。

1　新建场景文件，将单位设置为"毫米"，然后在顶视图中创建 C-Ext 对象，将其背面、侧面、前面的长度和宽度以及对象高度设置为如图 3-94 所示的效果。

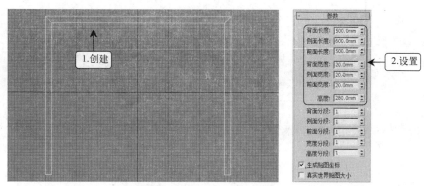

图 3-94　创建 C-Ext 对象

2　将工具栏上的"捕捉开关"按钮 设置为"2.5 维捕捉",在该按钮上单击鼠标右键,在打开的对话框中选中"顶点"复选框,并关闭该对话框,如图 3-95 所示。

3　开启捕捉,在顶视图中通过捕捉 C-Ext 对象内侧的顶点创建长方体,将高度设置为"5.0mm",如图 3-96 所示。

图 3-95　设置顶点捕捉

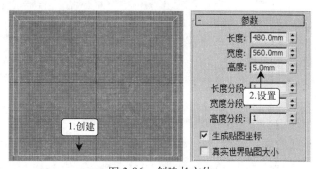

图 3-96　创建长方体

4　在左视图中调整长方体的位置,完成墙体和地面的创建,效果如图 3-97 所示。

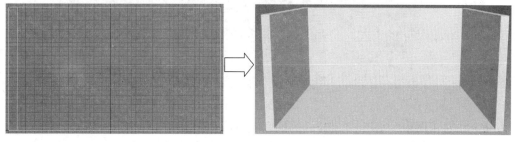

图 3-97　墙体和地面效果

（2）制作床

利用切角长方体制作床,同时将涉及对象的复制和旋转等操作。

5　在顶视图绘制切角长方体,将参数设置为如图 3-98 所示的效果,然后在顶视图和左视图中调整该对象的位置。

为保证切角长方体在顶视图中处于地面中心,可以利用对齐工具进行对齐设置。同样,在左视图中也可以利用对齐工具使切角长方体的底部紧贴地面顶部。

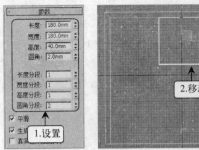
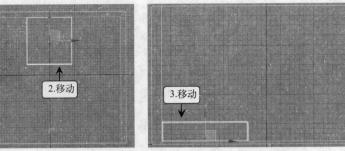

图 3-98　创建切角长方体

6 在左视图中向上复制切角长方体，对高度、圆角度和圆角分段的参数进行调整，如图 3-99 所示。

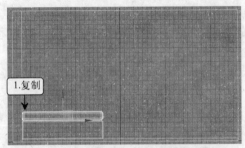

图 3-99　复制切角长方体

7 在左视图中复制切角长方体，并对长度、高度、圆角度以及圆角分段的参数进行调整，然后利用旋转工具调整切角长方体的角度，如图 3-100 所示。

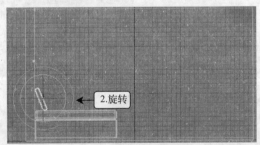

图 3-100　复制并旋转切角长方体

8 在左视图中沿 x 轴复制旋转的切角长方体，调整长度、宽度、高度、圆角度以及圆角分段参数，然后在透视图中复制调整后的切角长方体，完成床的制作，如图 3-101 所示。

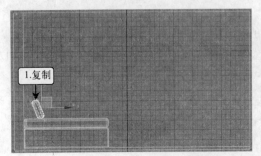

图 3-101　复制切角长方体

（3）制作床头柜和台灯

综合利用长方体、切角长方体、圆环、切角圆柱体以及圆锥体等对象制作床头柜和台灯。

9 绘制一个切角长方体，将参数设置为如图 3-102 所示的效果。

10 绘制一个长方体，将其嵌入到切角长方体中，并将其向下复制，然后更改对象高度，得到床头柜的抽屉效果，如图 3-103 所示。

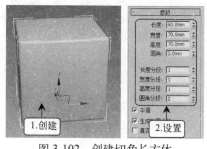

图 3-102 创建切角长方体

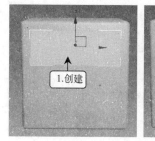

图 3-103 创建并复制长方体

11 在顶视图中绘制一个圆环，适当调整半径大小，将其嵌入到前面创建的长方体中，如图 3-104 所示。

12 复制圆环，将其调整到下方的长方体中，完成抽屉拉手的创建，如图 3-105 所示。

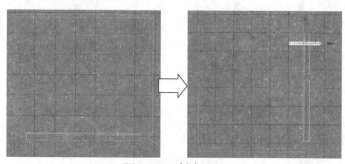

图 3-104 创建圆环

图 3-105 复制圆环

13 创建切角圆柱体，调整其大小，并将其放置到床头柜上方，如图 3-106 所示。

14 复制切角圆柱体，将圆角度更改为"0"，调整半径、高度，嵌入到下方的切角圆柱体中，如图 3-107 所示。

15 创建圆锥体，调整高度和两个半径，放置到圆柱体上方，完成台灯的创建，如图 3-108 所示。

16 选择床头柜和台灯，将其成组为一个对象，如图 3-109 所示。

图 3-106 创建切角圆柱体　图 3-107 复制切角圆柱体图 3-108 创建圆锥体　图 3-109 成组

17 将成组后的对象移到床旁边，效果如图 3-110 所示。

18 复制成组的对象，完成床头柜和台灯的创建，效果如图 3-111 所示。

图 3-110 移动成组对象

图 3-111 复制成组对象

（4）制作衣柜

利用长方体、切角长方体和软管来制作衣柜。

19 创建两个长方体，中间保留一定的空隙，如图 3-112 所示。

20 在两个长方体上分别创建两个宽度相同的切角长方体，如图 3-113 所示。

图 3-112 创建长方体

图 3-113 创建切角长方体

21 选择两个切角长方体，按住【Shift】键复制 3 个副本，如图 3-114 所示。

22 适当调整复制后的切角长方体，使其呈现两两成组的效果，如图 3-115 所示。

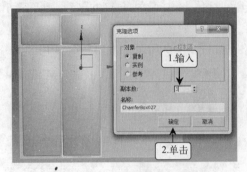

图 3-114 复制切角长方体

图 3-115 调整切角长方体

23 创建软管对象，将其高度和周期数等参数按如图 3-116 所示的效果进行设置。

24 将创建的软管移动到切角长方体上，制作拉手的效果，如图 3-117 所示。

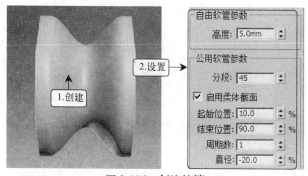

图 3-116 创建软管

图 3-117 移动软管

25 复制软管，制作成对的拉手，如图 3-118 所示。

26 同时复制成对的拉手对象，完成衣柜的制作，效果如图 3-119 所示。

图 3-118 复制软管

图 3-119 复制成对的拉手对象

（5）制作休闲沙发

最后将继续使用切角长方体制作休闲沙发，其具体操作如下。

27 在透视图中创建一个切角长方体，在参数面板中设置其基本参数，效果如图 3-120 所示。

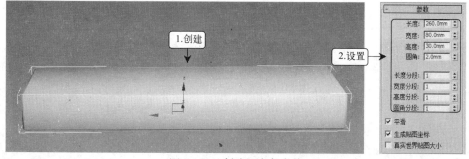

图 3-120 创建切角长方体

28 沿 z 轴向上复制切角长方体，重新修改其参数，包括圆角度数和分段数，如图 3-121 所示。

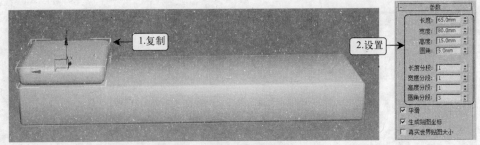

图 3-121　复制并修改切角长方体

29 沿 y 轴复制切角长方体，副本数设置为"3"，单击 确定 按钮，如图 3-122 所示。

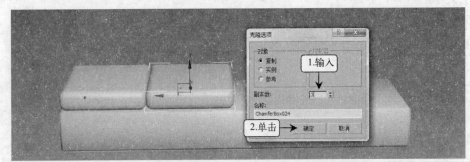

图 3-122　复制多个切角长方体

30 创建切角长方体，在参数面板中设置其基本参数，效果如图 3-123 所示。

图 3-123　创建切角长方体

31 复制切角长方体，调整其位置，效果如图 3-124 所示。

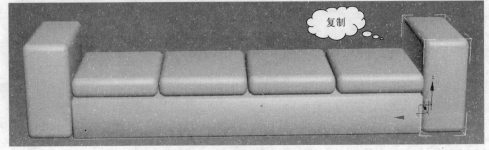

图 3-124　复制切角长方体

32 创建切角长方体，修改其参数并移动到如图 3-125 所示的位置，制作沙发的靠背。

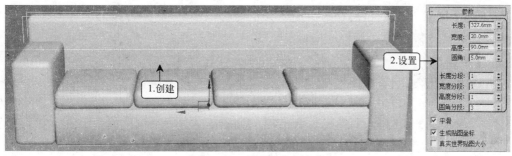

图 3-125 创建切角长方体

33 将制作好的沙发成组为一个对象，然后移动到如图 3-126 所示的位置，完成本实训的制作。

图 3-126 成组并移动沙发对象

3.5 疑难解答

1. 问：当场景中存在多个模型对象时，无论在哪种视图中都很难对其中某个对象进行编辑，有什么方法可以解决这个问题呢？

答：很简单，将需要编辑的一个或多个对象孤立出来单独编辑即可，方法为：选择一个或多个对象，按【Alt+Q】组合键即可，完成编辑后再次按【Alt+Q】组合键退出孤立编辑状态。

2. 问：利用 3ds Max 2013 中的栏杆对象创建模型时，怎么控制栏杆中各组成部分的数量？

答：创建栏杆后，单击命令面板中的"修改"选项卡 ，在"下围栏"栏中单击"下围栏间距"按钮 ，可在打开的对话框中设置水平方向的围栏数量；在"立柱"栏中单击"立柱间距"按钮 ，可在打开的对话框中设置立柱的数量；在"支柱"栏中单击"支柱间距"按钮 ，可在打开的对话框中设置支柱的数量。

3. 问：几何球体与球体相比有什么特点吗？从外观上看它们似乎是相同的。

答：这两种对象表面上似乎没有差别，但在视图中按【F4】键切换到"边面"显示状态时，就能清楚地发现几何球体没有极点，这样在应用一些修改器时就显得更加方便，比如应用 FFD 修改器就不会像普通球体受到很明显的约束。

4. 问：为什么创建植物后，在未选择它的情况下显示出来的效果完全不是植物树叶的效果呢？

答：这是由于 3ds Max 2013 为了使软件更加流畅地运行，默认在不选择植物时将其显示为树冠模式，如果不喜欢这种效果，可选择该植物后，在命令面板的"修改"选项卡中将"视口树冠模式"栏中的"从不"单选项选中即可。

3.5　课后练习

1．制作如图 3-127 所示的露天茶桌效果。要求使用长方体、圆柱体和切角圆柱体进行创建（效果文件：效果\第 3 章\课后练习\tingzi.max）。

2．制作如图 3-128 所示的水龙头模型。要求使用切角圆柱体和圆环制作（效果文件：效果\第 3 章\课后练习\shuilongtou.max）。

图 3-127　茶桌模型　　　　　　　　　　图 3-128　水龙头模型

3．制作如图 3-129 所示的办公桌效果。要求使用切角长方体、切角圆柱体和胶囊制作（效果文件：效果\第 3 章\课后练习\bangongzhuo.max）。

4．制作如图 3-130 所示的台灯效果。要求使用圆环、管状体、圆柱体、切角圆柱体和球体制作（效果文件：效果\第 3 章\课后练习\taideng.max）。

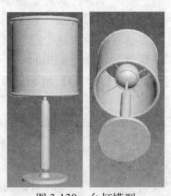

图 3-129　办公桌模型　　　　　　　　　图 3-130　台灯模型

第 4 章　二维图形建模

内容提要

本章详细介绍使用二维图形建模的方法，涉及的知识点包括二维图形的分类、样条线的组成、各种样条线的创建和设置、可编辑样条线的转换、可编辑样条线中不同层级的设置以及常用二维图形转换为三维模型的修改器的应用等内容。

学习重点与难点

- ➢ 了解二维图形的分类和样条线的组成
- ➢ 掌握线、矩形、圆、椭圆、弧、圆环以及多边形等样条线的创建方法
- ➢ 熟悉星形、外边、螺旋线、Egg 以及截面等样条线的创建方法
- ➢ 掌握转换为可编辑样条线的方法
- ➢ 掌握可编辑样条线中不同层级的编辑方法
- ➢ 掌握挤出、倒角、车削修改器的应用和设置方法
- ➢ 熟悉倒角剖面和可渲染线条修改器的应用和设置方法

4.1　认识二维图形

要想使用二维图形转换为三维模型，就需要对二维图形的创建、设置和修改等操作非常熟悉，下面将介绍与之相关的各种知识点，为后面将要学习的二维图形转换为三维模型的知识打下基础。

4.1.1　二维图形的分类

在 3ds Max 2013 中，图形指的是由一条或多条直线或曲线组成的对象，3ds Max 将这些图形分成了 3 类，即样条线、NURBS 曲线和扩展样条线。

- 样条线：样条线是最常用的一种二维图形，它是一个没有深度的连续线，可以是开合的，也可以是封闭的，如矩形、圆等样条线就是封闭的，而弧、螺旋线则是开合的。
- NURBS 曲线：NURBS 曲线不存在于现实世界中，它是通过计算机专为 3D 建模而创建的一种二维图形，3ds Max 2013 中包含两种 NURBS 曲线，分别是点曲线和 CV 曲线。点曲线是一种由点定义的曲线，这些点被约束在该曲线上，如图 4-1 所示；CV（控制顶点的缩写）曲线则是由 CV 定义的 NURBS 曲线，CV 并不必都位于曲线上如图 4-2 所示。
- 扩展样条线：扩展样条线是对普通样条线的一种延伸，它包含了一些建筑上常用的样条线形状，如墙矩形样条线、通道样条线、角度样条线、T 形样条线以及宽法兰样条线等，如图 4-3 所示。

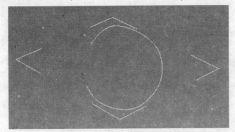

图 4-1　点曲线

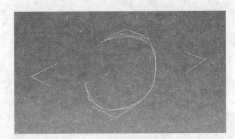

图 4-2　CV 曲线

图 4-3　各种扩展样条线

4.1.2　样条线的组成

无论是开合的还是封闭的样条线，都由顶点和线段组成，其中线段可能是直线或曲线，如图 4-4 所示。

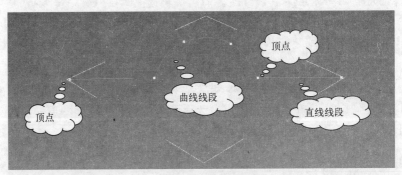

图 4-4　样条线组成

在 3ds Max 2013 中，样条线的顶点类型有 4 种，分别是角点、平滑、Bezier 角点以及 Bezier。

- 角点：可以创建锐角转角且不可调整的顶点，如图 4-5 所示。
- 平滑：可以创建平滑连续曲线且不可调整的顶点，如图 4-6 所示。

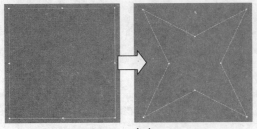

图 4-5　角点

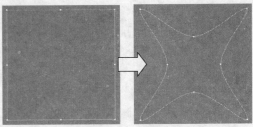

图 4-6　平滑

- Bezier 角点：可以创建锐角转角且可调整的顶点，通过调整切线控制柄可以控制转角弯曲程度，如图 4-7 所示。
- Bezier：可以创建平滑连续曲线且可调整的顶点，通过调整切线控制柄可以控制曲线的弯曲程度，如图 4-8 所示。

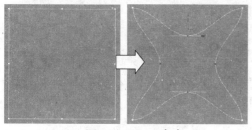 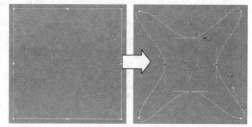

图 4-7　Bezier 角点　　　　　　　　　　　　图 4-8　Bezier

4.1.3　创建样条线

在命令面板中单击"创建"选项卡，单击下方的"图形"按钮，在下拉列表框中选择"样条线"选项，单击需创建的样条线按钮，最后在视图中绘制即可创建相应的样条线。

 NURBS 曲线和扩展样条线的创建方法与样条线类似，只是需要在单击"图形"按钮后，在下拉列表框中选择对应类型的选项。

1. 线 s

在命令面板中进入创建图形的选项卡后，单击 线 按钮，在视图中单击或拖动鼠标可创建顶点，其中单击鼠标将创建角顶点，拖动鼠标将创建 Bezier 顶点，再次单击或拖动鼠标可添加其他顶点，并自动在顶点之间创建直线或曲线，结束创建时可单击鼠标右键或按【Esc】键，如果需要创建闭合的样条线，可在视图中单击黄色的顶点，在打开的对话框中单击 是(Y) 按钮即可。

 在创建线的过程中，如果顶点位置错误，可按【BackSpace】键删除该顶点重新绘制线，但切忌不能按【Delete】键，否则将结束线的创建。

下面通过在视图中创建形状为鸟的线条为例，进一步掌握线的创建方法。

 上机实战 4-1　　创建形状为鸟的线条

素材文件：无	效果文件：效果\第 4 章\niao.max
视频文件：视频\第 4 章\4-1.swf	操作重点：创建线

　1　新建场景文件，在命令面板中单击"创建"选项卡，单击下方的"图形"按钮，在下拉列表框中选择"样条线"选项并单击 线 按钮，在顶视图中单击鼠标并拖动，确定第 1 个顶点，如图 4-9 所示。

　2　在右上方单击鼠标并拖动，确定第 2 个顶点，如图 4-10 所示。

　3　按相同方法继续添加多个 Bezier 顶点，勾勒出鸟的形状，如图 4-11 所示。

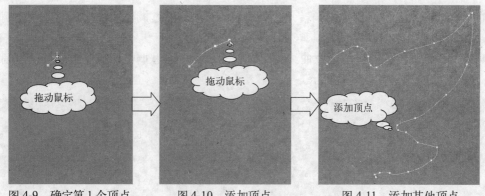

图 4-9　确定第 1 个顶点　　　　图 4-10　添加顶点　　　　图 4-11　添加其他顶点

4　当需要创建的顶点为角点时，只需单击鼠标，无须拖动，如图 4-12 所示。

5　完成线条的创建后，单击起始的黄色顶点进行闭合操作，在打开的对话框中单击 按钮，如图 4-13 所示。

6　完成线条的创建，效果如图 4-14 所示。

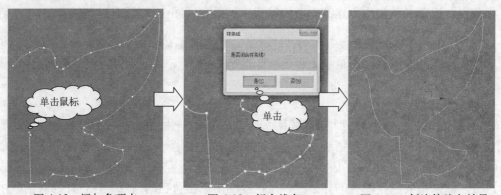

图 4-12　添加角顶点　　　　图 4-13　闭合线条　　　　图 4-14　创建的线条效果

> 当需要创建水平或垂直的线段时，可以在按住【Shift】键的同时单击鼠标来确定
> 顶点；当需要约束下一个顶点的角度时，可以在按住【Ctrl】键的同时单击鼠标，
> 此时顶点的角度将按照当前角度捕捉中设置的角度来确定。

2. 矩形

矩形样条线可以创建矩形、正方形和圆角矩形等图形，在图形创建命令面板中单击
矩形 按钮，在视图中拖动鼠标即可创建矩形，如图 4-15 所示。创建完成后，可以单击"修改"选项卡，在"参数"卷展栏中精确设置矩形的长度、宽度和角半径，如图 4-16 所示即为更改角半径后将矩形设置成圆角矩形的效果。

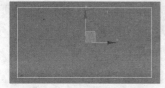

图 4-15　创建矩形样条线　　　　　　　　　图 4-16　更改矩形角半径

3. 圆

圆样条线可以创建各种大小的圆形，在图形创建命令面板中单击 ▨ 圆 按钮，在视图中拖动鼠标即可，如图 4-17 所示。在修改命令面板的"参数"卷展栏中可以精确设置圆形的半径，如图 4-18 所示。

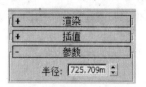

图 4-17　创建圆形样条线　　　　　　　　　　　图 4-18　设置圆形的半径

4. 椭圆

椭圆样条线可以创建各种大小的椭圆图形，并能为椭圆设置轮廓厚度。在图形创建命令面板中单击 ▨ 椭圆 按钮，在视图中拖动鼠标即可，如图 4-19 所示。创建完成后，在修改命令面板的"参数"卷展栏中可精确设置椭圆的长度和宽度，如果选中"轮廓"复选框，还可以为椭圆指定厚度，如图 4-20 所示即为设置了轮廓厚度的椭圆效果。

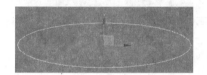

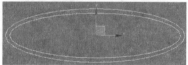

图 4-19　创建椭圆样条线　　　　　　　　　　　图 4-20　设置了轮廓的椭圆

5. 弧

弧样条线可以创建弧线和扇形，在图形创建命令面板中单击 ▨ 弧 按钮，在视图中单击并拖动鼠标确定弧的两个端点，然后移动并单击鼠标确定弧度即可，如图 4-21 所示。创建完成后，在修改命令面板的"参数"卷展栏中可以精确设置弧形的半径和跨度，若选中"饼形切片"复选框，则可以将弧形转换为扇形样条线，如图 4-22 所示。

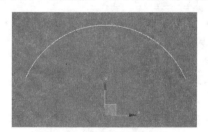

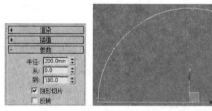

图 4-21　创建弧形样条线　　　　　　　　　　　图 4-22　将弧形转换为扇形样条线

6. 圆环

圆环样条线可以创建各种大小和厚度的圆环，在图形创建命令面板中单击 ▨ 圆环 按钮，在视图中单击并拖动鼠标确定圆环的一个圆形，然后移动并单击鼠标确定同心圆的另一个圆形即可，如图 4-23 所示。在修改命令面板的"参数"卷展栏中可以精确设置圆环的两个半径大小，如图 4-24 所示。

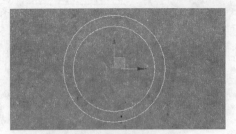

图 4-23　创建圆环样条线　　　　　　　　　　图 4-24　设置圆环的两个半径

7. 多边形

多边形样条线可以创建包含各种边数的多边形图形，在图形创建命令面板中单击 多边形 按钮，在视图中单击并拖动鼠标即可，如图 4-25 所示。创建完成后，在修改命令面板的"参数"卷展栏中可以精确设置多边形的半径、边数和角半径（圆角）等大小，如果选中"圆形"复选框，可以将多边形快速设置为圆形。如图 4-26 所示即为设置角半径后将六角多边形更改为圆角六角多边形的效果。

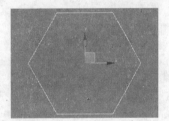

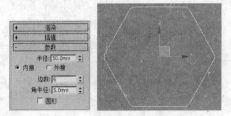

图 4-25　创建多边形样条线　　　　　　　图 4-26　设置角半径的多边形

8. 星形

星形样条线可以创建包含各种顶点数的星形图形，在图形创建命令面板中单击 星形 按钮，在视图中单击并拖动鼠标确定星形的半径大小，移动并单击鼠标确定另一个半径大小即可，如图 4-27 所示。创建完成后，在修改命令面板的"参数"卷展栏中可以精确设置星形的两个半径、顶点数、扭曲程度以及两个半径对应的圆角程度等。如图 4-28 所示即为设置了扭曲和圆角的六角星形效果。

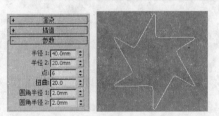

图 4-27　创建星形样条线　　　　　　图 4-28　扭曲并设置圆角后的六角星形

9. 文本

文本样条线可以创建各种文本图形，在图形创建命令面板中单击 文本 按钮，在命令面板的"参数"卷展栏中输入文本内容，并设置文本字体、间距后，在视图中单击并拖动鼠标即可，如图 4-29 所示。创建完成后，可以在修改命令面板的"参数"卷展栏中重新设置文本内容、字体和间距等属性，如图 4-30 所示。

图 4-29　创建文本样条线　　　　　　　　图 4-30　设置文本参数

10.螺旋线

螺旋线样条线可以创建各种样式的螺旋图形，在图形创建命令面板中单击 螺旋线 按钮，在视图中单击并拖动鼠标确定螺旋线的起始半径大小，移动并单击鼠标确定螺旋线高度，再次移动并单击鼠标确定螺旋线的结束半径大小即可，如图 4-31 所示。创建完成后，在修改命令面板的"参数"卷展栏中可以精确设置螺旋线的两个半径、高度、圈数、偏移量以及旋转方向等效果，如图 4-32 所示。

图 4-31　创建螺旋线样条线　　　　　　图 4-32　设置螺旋线样条线参数

11.Egg

Egg 样条线可以创建各种样式的卵形图形，在图形创建命令面板中单击 Egg 按钮，在视图中单击并拖动鼠标确定卵形的内截面大小和角度，单击并移动鼠标确定卵形的厚度，再次单击鼠标完成创建，如图 4-33 所示。创建完成后，在修改命令面板的"参数"卷展栏中可以精确设置卵形样条线的长度、宽度、厚度以及角度等效果，如图 4-34 所示。

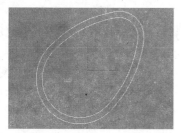

图 4-33　创建 Egg 样条线　　　　　　　图 4-34　Egg 样条线的参数

12.截面

截面样条线是一种特殊类型的样条线，它可以截取任意对象并生成二维图形。在图形创建命令面板中单击 截面 按钮，在视图中单击并拖动鼠标创建截面，将截面通过移动和旋转等操作与某个对象相交，然后在命令面板中单击 创建图形 按钮，在打开的对话框中设置图形名称后即可创建二维图形，如图 4-35 所示。

创建截面后，可以在命令面板的"截面参数"卷展栏中对截面的参数进行设置，如图 4-36 所示。

图 4-35　通过截面创建二维图形

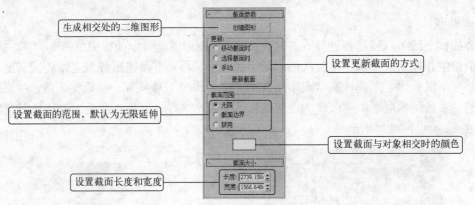

生成相交处的二维图形

设置更新截面的方式

设置截面的范围，默认为无限延伸

设置截面与对象相交时的颜色

设置截面长度和宽度

图 4-36　设置截面参数

4.2　可编辑样条线

为了更加方便地创建各种复杂的二维图形，在利用样条线建模时往往会将样条线转换为可编辑样条线，然后通过对其中的各种层级进行编辑来达到目的。

4.2.1　转换为可编辑样条线

将普通的样条线转换为可编辑样条线的方法有很多种，且各自具有不同的优点，具体如下：

- 在视图中转换：直接在某个视图中的对象上单击鼠标右键，在弹出的快捷菜单中选择【转换为】/【转换为可编辑样条线】菜单命令，如图 4-37 所示。
- 在修改器堆栈列表框中转换：选择对象后，在修改器堆栈列表框中的该对象选项上单击鼠标右键，在弹出的快捷菜单中选择"可编辑样条线"菜单命令，如图 4-38 所示。
- 通过添加修改器转换：前面两种方法将把对象转换为可编辑样条线，不能恢复为原来的样条线了，如果选择对象后，在"修改器列表"下拉列表框中选择"编辑样条线"命令，如图 4-39 所示，可为对象添加可编辑样条线的修改器，如果不满意，则可删除该修改器，这样原来的样条线同样会保留。

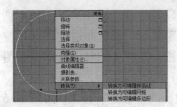

图 4-37　在视图中转换　　　　图 4-38　在修改器堆栈中转换　　　　图 4-39　添加修改器转换

　　将普通的样条线转换为可编辑样条线后，在修改器堆栈的展开列表框中可编辑样条线对象，选择"顶点"选项或按【1】键即可进入顶点编辑层级，此时只能对对象中的顶点进行各种编辑操作，如图 4-40 所示。

图 4-40　顶点编辑层级

　　在可编辑样条线对象中选择"线段"选项或按【2】键可进入线段编辑层级，此时只能对对象中的线段进行各种编辑操作，如图 4-41 所示。

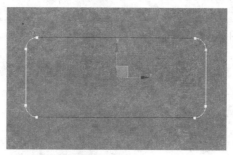

图 4-41　线段编辑层级

　　在可编辑样条线对象中选择"样条线"选项或按【3】键可进入样条线编辑层级，此时只能对整个对象进行编辑操作，如图 4-42 所示。

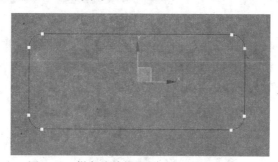

图 4-42　样条线编辑层级

　　要退出可编辑样条线某个层级的编辑状态，只需选择"可编辑样条线"选项即可。

4.2.2　编辑顶点层级

　　进入可编辑样条线的顶点层级后，展开命令面板中的"几何体"卷展栏，在其中通过各种参数便能实现对顶点的高级编辑。

● **断开**：可以将顶点拆开，选择一个或多个顶点后，单击 断开 按钮即可断开顶点。
断开后显示的实际上是两个重叠的顶点，移动该位置可发现顶点实际上已经断开了，
如图 4-43 所示。

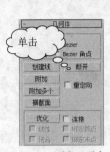

图 4-43　断开顶点

● **优化**：可以在样条线上增加顶点，且不会改变样条线外观。单击 优化 按钮，在样
条线上单击鼠标即可添加顶点，完成后再次单击该按钮或单击鼠标右键即可退出优化
状态，如图 4-44 所示。

图 4-44　优化顶点

● **焊接**：可以将两个相邻顶点转化为一个顶点。在 焊接 按钮右侧的数值框中设置顶
点的距离，选择两个相邻顶点，单击 焊接 按钮，若这两个顶点的距离在设置的范
围内，则将焊接成一个顶点，如图 4-45 所示。

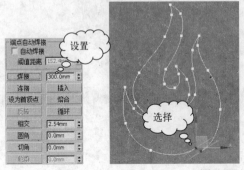

图 4-45　焊接顶点

● **连接**：可以将两个顶点（端点位置）通过一条线性线段连接起来。单击 连接 按钮，

将鼠标指针移至某个顶点上，按住鼠标不放并向另一个顶点拖动即可，如图 4-46 所示。连接后再次单击 连接 按钮或单击鼠标右键退出连接状态。

图 4-46　连接顶点

- 插入：可以在样条线上插入顶点，与优化不同的是，插入顶点可以改变样条线的外观。单击 插入 按钮，在样条线上单击鼠标插入顶点，移动鼠标更改样条线形状，再次单击鼠标继续插入顶点，如此反复，完成后单击鼠标右键即可，如图 4-47 所示。完成后再次单击 插入 按钮或单击鼠标右键退出插入状态。

   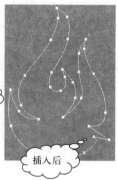

图 4-47　连接顶点

- 熔合：可以将所选择的顶点移至它们的平均中心位置，使其重叠显示为一个顶点。选择需要熔合的顶点，单击 熔合 按钮即可，如图 4-48 所示。

图 4-48　熔合顶点

 熔合并不具备焊接的功能，它只是将顶点的位置进行了重叠，而并没有将这些顶点转化成一个顶点，应注意区分。

- 相交：可以在样条线相交处添加顶点。设置 相交 按钮右侧的数值框，单击 相交 按钮，在样条线相交处单击鼠标，如果相交处的距离在设置的范围内，即可添加顶点，如图 4-49 所示。设置完成后需单击 相交 按钮或单击鼠标右键退出相交状态。

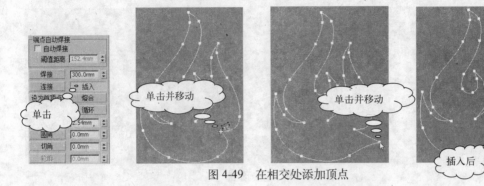

图 4-49　在相交处添加顶点

- 圆角：可以将选择的顶点转化为两个顶点并作圆角处理。选择顶点，单击 圆角 按钮，将鼠标指针移至所选顶点上，拖动鼠标调整圆角程度即可，如图 4-50 所示。完成后再次单击 圆角 按钮或单击鼠标右键退出圆角状态。

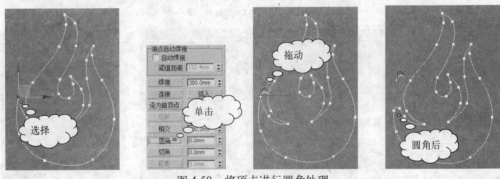

图 4-50　将顶点进行圆角处理

选择顶点后，直接在 圆角 按钮右侧的数值框中输入数值并按【Enter】键，可以精确调整所选顶点的圆角程度。

- 切角：可以将选择的顶点转化为两个顶点并作切角处理。选择顶点，单击 切角 按钮，将鼠标指针移至所选顶点上，拖动鼠标调整切角程度即可，如图 4-51 所示。完成后再次单击 切角 按钮或单击鼠标右键退出切角状态。

图 4-51　将顶点进行切角处理

● 附加：可以将多个独立的样条线整合成一个样条线。选择某个图形，单击 附加 按钮，然后单击其他样条线即可，如图 4-52 所示。完成后再次单击 附加 按钮或单击鼠标右键退出切角状态。

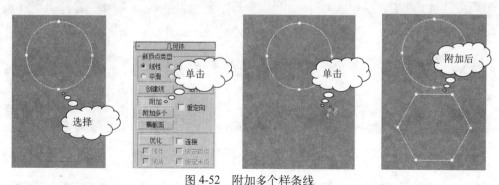

图 4-52 附加多个样条线

下面通过创建一个花瓶摆件的截面图为例，进一步掌握样条线的创建、转换以及顶点层级的编辑方法，其具体操作如下。

上机实战 4-2 创建花瓶摆件截面图

素材文件：无	效果文件：效果\第 4 章\baijian.max
视频文件：视频\第 4 章\4-2.swf	操作重点：创建样条线、可编辑样条线顶点层级的编辑

1. 新建场景文件，启用 2.5 维栅格点捕捉，创建如图 4-53 所示的样条线。

2 在该样条线上单击鼠标右键，在弹出的快捷菜单中选择【转换为】/【转换为可编辑样条线】菜单命令，如图 4-54 所示。

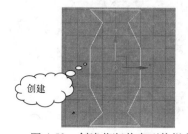

图 4-53 创建花瓶基本形状样条线

图 4-54 转换为可编辑样条线

3 在命令面板中选择顶点层级，框选如图 4-55 所示的顶点。

4 在选择的任意顶点上单击鼠标右键，在弹出的快捷菜单中选择"平滑"命令，如图 4-56 所示。

5 切换到移动工具，将最下方的两个顶点适当向内侧移动，如图 4-57 所示。

6 完成花瓶形状的编辑后，重新创建两个矩形，效果如图 4-58 所示。

7 选择花瓶形状，进入顶点层级，单击 附加 按钮，如图 4-59 所示。

8 将创建的两个矩形样条线附加到花瓶样条线中，作为底座外观的基本形状，如图 4-60 所示。

9 单击 优化 按钮，在中间矩形上下两边与其他图形相交的外侧单击鼠标添加顶点，如图 4-61 所示。

10 按【2】键进入线段层级，利用【Delete】键删除内部的线段，如图 4-62 所示。

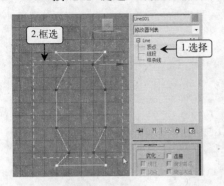
图 4-55 选择顶点

图 4-56 更改顶点类型

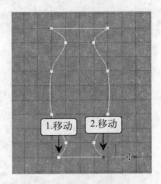
图 4-57 移动顶点位置

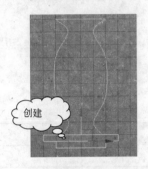
图 4-58 创建矩形

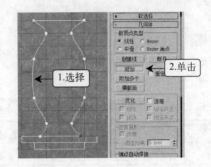
图 4-59 附加样条线

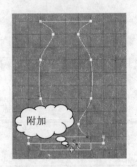
图 4-60 附加矩形

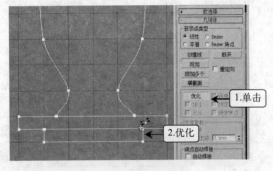
图 4-61 添加顶点

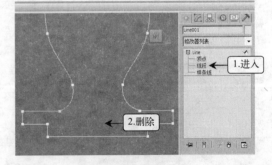
图 4-62 删除线段

11 选择花瓶底部左侧与矩形相交处的两个顶点，依次单击 熔合 按钮和 焊接 按钮，将其转化为一个顶点，如图 4-63 所示。

12 按相同方法将其他断裂处的顶点熔合并焊接，如图 4-64 所示。

13 利用【Ctrl】键框选如图 4-65 所示的多个顶点。在命令面板中 圆角 按钮右侧的数值框中输入 "0.2mm"。

14 按【Enter】键进行圆角处理，然后在命令面板上方选择 "可编辑样条线" 选项，退出顶点层级的编辑状态，完成后的效果如图 4-66 所示。

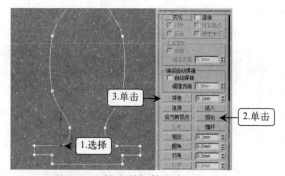

图 4-63　熔合并焊接顶点

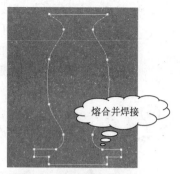

图 4-64　熔合并焊接顶点

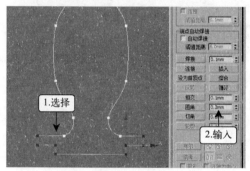

图 4-65　将顶点进行圆角处理

图 4-66　创建的样条线最终效果

4.2.3　编辑线段层级

可编辑样条线的线段层级编辑内容与顶点层级的操作方法大致相同，也包括断开、附加、优化以及插入等操作。除此以外，线段层级虽然不具备熔合、焊接、圆角以及切角等控制功能，但具有拆分和分离的特有操作。

- 拆分：可以随意将所选对象拆分为多段线段。选择需拆分的线段，在 拆分 按钮右侧的数值框中输入拆分数量后，单击 拆分 按钮即可，如图 4-67 所示。

TIPS

在按钮右侧的数值框中输入的数字表示拆分后线段上新增加的顶点数量，实际拆分出的线段数量比该数字多 "1"，如拆分数量设置为 "5"，表示新增加的顶点数量为 "5"，而拆分出的线段数量实际为 "6"。

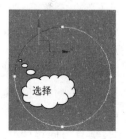

图 4-67　拆分线段

● 分离：可以将所选线段从当前样条线上分离出来。选中不同分离方式对应的复选框后，单击 分离 按钮即可，如图 4-68 所示。其中"同一图形"复选框表示分离出的线段仍属于当前样条线中的一部分；"重定向"复选框将重新对分离出的对象坐标进行定位；"复制"复选框表示对分离的对象进行复制操作。

 TIPS▶ 如果 3 个复选框均取消选中，则将把分离出的图形作为新图形处理，可以在分离时打开的对话框中设置该图形的名称。

图 4-68　分离线段

4.2.4　编辑样条线层级

样条线层级可以实现顶点和线段层级不一样的控制功能，其中最常用的是轮廓、布尔和镜像等操作。

● 轮廓：可以为样条线创建副本，并通过设置的大小实现样条线的轮廓创建操作。选择样条线，单击 轮廓 按钮，在选择的样条线上拖动鼠标即可创建轮廓，如图 4-69 所示。

   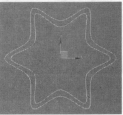

图 4-69　创建样条线轮廓

● 布尔：可以通过不同的计算方法将两个闭合的样条线组合在一起。进入样条线层级选择其中的某个样条线，单击 布尔 按钮右侧的某个计算方式按钮，然后单击 布尔 按钮，并选择另一个样条线对象即可。其中，"并集"按钮 表示将两个重叠样条线组合成一个样条线并删除重叠部分；"差集"按钮 表示在第 1 个样条线中减去与第 2 个样条线的重叠部分，删除第 2 个样条线剩余的部分；"交集"按钮 表示保留两个样条线的重叠部分，删除不重叠的部分，如图 4-70 所示。

● 镜像：可以将样条线作镜像处理。选择样条线，单击 镜像 按钮右侧的某个镜像方向按钮，然后单击 镜像 按钮即可，如果选中"复制"复选框，则将进行复制镜像，选中"以轴为中心"复选框则以坐标轴为参考对象进行镜像。其中，"水平镜像"按钮 表示按水平方向镜像样条线；"垂直镜像"按钮 表示按垂直方向镜像样条线；"双向镜像"按钮 表示同时按水平和垂直方向镜像样条线，如图 4-71 所示。

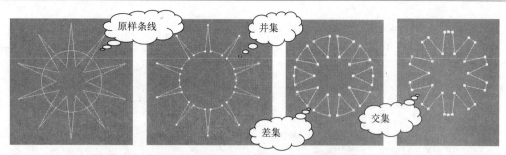

图 4-70 原样条线与不同布尔计算后的效果

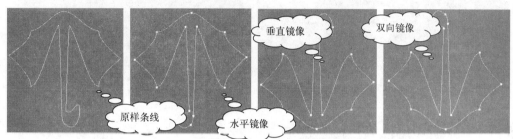

图 4-71 原样条线与不同方向镜像后的效果

下面通过创建一个吊坠饰品的截面图为例，掌握样条线的创建、转换和顶点层级的编辑方法。

 上机实战 4-3 创建船锚吊坠图形

素材文件：无	效果文件：效果\第 4 章\diaozhui.max
视频文件：视频\第 4 章\4-3.swf	操作重点：创建可编辑样条线、编辑顶点层级与样条线层级

1 新建场景文件，利用 ▨ 线 ▨ 工具创建出如图 4-72 所示的样条线图形。

2 进入顶点层级，通过顶点类型的更改以及顶点位置、角度的设置，将创建的图形进行适当美化，效果如图 4-73 所示。

3 进入样条线层级，选择样条线，单击"水平镜像"按钮 ▨，并选中"复制"复选框，然后单击 ▨镜像▨ 按钮，将镜像得到的图形与原样条线的内侧线段重合，如图 4-74 所示。

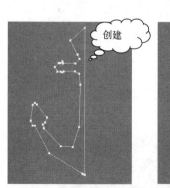

图 4-72 绘制样条线

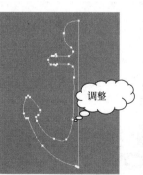

图 4-73 调整样条线

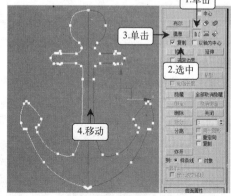

图 4-74 镜像样条线

4 进入顶点层级，将重合线段上下两端的顶点进行熔合与焊接，然后进入线段层级，删除内层的两条线段，效果如图 4-75 所示。

5 创建一个圆，并将其移动到如图 4-76 所示的位置。

6 选择原样条线，进入样条线层级，通过 **附加** 按钮将圆附加进来即可，如图 4-77 所示。

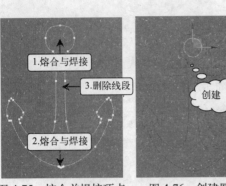  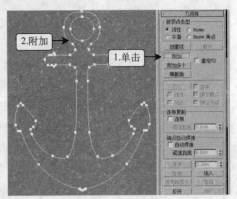

图 4-75 熔合并焊接顶点   图 4-76 创建圆   图 4-77 附加样条线

4.3 二维图形转换为三维模型

二维图形转换为三维模型使得建模工作更加灵活和富有创造力，要想将编辑好的二维图形转换为三维模型，需要使用到 3ds Max 2013 提供的一些修改器。

4.3.1 挤出

"挤出"修改器可以为二维图形增加深度，使其转化为三维模型。选择二维图形后，在命令面板"修改"选项卡的"修改器列表"下拉列表框中选择"挤出"选项，或在菜单栏中选择【修改器】/【网格编辑】/【挤出】菜单命令即可。

下面以创建简易的装饰窗格为例，介绍"挤出"修改器的使用方法。

 上机实战 4-4 创建简易装饰窗格

素材文件：无	效果文件：效果\第 4 章\chuangge.max
视频文件：视频\第 4 章\4-4.swf	操作重点：顶点圆角处理、样条线轮廓处理、挤出处理

1 新建场景文件，创建一个边长为"14mm"的正方形，将其转换为可编辑样条线，如图 4-78 所示的样条线图形。

2 进入样条线层级，利用 **轮廓** 按钮为样条线添加"–2mm"的轮廓，如图 4-79 所示。

3 进入顶点层级，选择外侧图形的 4 个顶点，利用 **圆角** 按钮将其进行"1mm"的圆角处理，如图 4-80 所示。

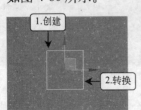 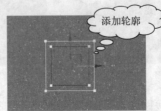 

图 4-78 创建可编辑样条线   图 4-79 设置轮廓   图 4-80 处理顶点

4　退出样条线编辑状态，沿 x 轴复制一个图形，如图 4-81 所示。

5　选择复制的图形，进入顶点层级，拖动右侧的 4 个顶点，增加图形长度，如图 4-82 所示。

图 4-81　复制图形

图 4-82　移动顶点

6　按相同方法复制图形，然后将其附加为一个图形，得到如图 4-83 所示的效果。

7　选择图形，在"修改器列表"下拉列表框中选择"挤出"选项，如图 4-84 所示。

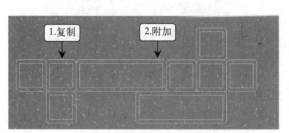

图 4-83　复制并附加多个图形

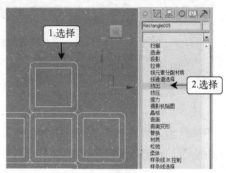

图 4-84　选择修改器

8　在命令面板的"参数"卷展栏的"数量"数值框中输入"20.0mm"，按【Enter】键，如图 4-85 所示。

9　完成简易窗格的创建，效果如图 4-86 所示。

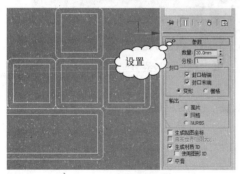

图 4-85　设置挤出数量

图 4-86　窗格模型效果

4.3.2　倒角

"倒角"修改器可以将二维图形挤出的同时，为其边缘应用平或圆的倒角效果。选择二维图形后，在命令面板"修改"选项卡的"修改器列表"下拉列表框中选择"倒角"选项，并在命令面板中设置各级别的挤出高度和轮廓以及倒角侧面的类型即可。

下面以创建超市招牌为例，介绍"倒角"修改器的使用方法。

上机实战 4-5 创建超市招牌

素材文件：无	效果文件：效果\第 4 章\zhaopai.max
视频文件：视频\第 4 章\4-5.swf	操作重点：文本的创建、"倒角"修改器的应用与设置

1 新建场景文件，利用 文本 按钮创建内容为"莉莉小卖部"、字体为"黑体"的文本，如图 4-87 所示。

2 选择创建的文本，在"修改器列表"下拉列表框中选择"倒角"选项，在命令面板的"倒角值"卷展栏中将级别 1 的高度和轮廓分别设置为"3.0mm"和"1.0mm"，如图 4-88 所示。

图 4-87　创建文本

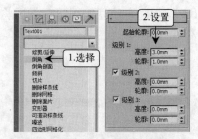

图 4-88　选中修改器并设置倒角值

3 将级别 2 的高度设置为"10.0mm"，将级别 3 的高度和轮廓分别设置为"3.0mm"和"−1.0mm"，如图 4-89 所示。

4 完成倒角设置，效果如图 4-90 所示。

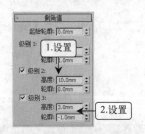

图 4-89　设置其他级别倒角值

图 4-90　模型的最终效果

 如果想将倒角侧面设置为曲面，可以在"参数"卷展栏的"曲面"栏中选中"曲面侧面"单选项，并适当增加分段数量。

4.3.3　车削

"车削"修改器可以将二维图形围绕指定的轴进行旋转而得到三维模型。在命令面板"修改"选项卡的"修改器列表"下拉列表框中选择"车削"选项，或在菜单栏中选择【修改器】/【面片/样条线编辑】/【车削】菜单命令，便可为选择的二维图形添加该修改器，之后可在命令面板中对旋转轴等参数进行设置。

下面以创建中式花瓶为例，介绍"车削"修改器的使用方法。

上机实战4-6 创建中式花瓶

素材文件：无	效果文件：效果\第 4 章\huaping.max
视频文件：视频\第 4 章\4-6.swf	操作重点：创建并修改样条线、"车削"修改器的应用与设置

1 新建场景文件，利用 ▨▨▨线▨▨ 按钮创建如图 4-91 所示的图形。

2 进入顶点层级，适当调整图形的外形，得到如图 4-92 所示的图形效果。

 TIPS 通过 ▨▨线▨▨ 按钮创建的图形默认为样条线，无须转换为可编辑样条线来设置各层级参数。

3 进入样条线层级，为图形增加一定的轮廓，如图 4-93 所示。

图 4-91　创建样条线

图 4-92　设置样条线

图 4-93　添加轮廓

4 选择创建的图形，在"修改器列表"下拉列表框中选择"车削"选项，为图形添加"车削"修改器，如图 4-94 所示。

5 在命令面板中展开"车削"修改器，选择"轴"选项，如图 4-95 所示。

6 拖动图形上的坐标轴，更改车削旋转轴的位置，如图 4-96 所示。

图 4-94　应用"车削"修改器

图 4-95　选择轴

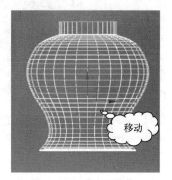

图 4-96　移动轴位置

7 选中"焊接内核"复选框，并将分段设置为"32"，如图 4-97 所示。

8 完成模型的创建，效果如图 4-98 所示。

 TIPS 在命令面板的"对齐"栏中包含了快速对齐车削旋转轴的几个按钮，单击相应的按钮可以快速调整旋转轴的位置。另外，在"方向"栏中可以设置旋转轴的旋转方向。

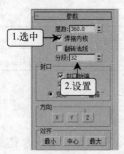

图 4-97 设置车削参数

图 4-98 模型的最终效果

4.3.4 倒角剖面

"倒角剖面"修改器可以使某个开合或封闭二维图形以另一个二维图形为路径,挤出一个三维模型。选择作为路径的二维图形,在命令面板"修改"选项卡的"修改器列表"下拉列表框中选择"倒角剖面"选项,并在命令面板中单击 拾取剖面 按钮,再单击作为剖面的二维图形即可。

下面以创建浴缸为例,介绍"倒角剖面"修改器的使用方法,其具体操作如下。

 上机实战 4-7 创建浴缸

素材文件:无	效果文件:效果\第 4 章\yugang.max
视频文件:视频\第 4 章\4-7.swf	操作重点:创建并修改样条线、"倒角剖面"修改器的应用

1 新建场景文件,利用 矩形 按钮在顶视图创建如图 4-99 所示的圆角矩形。

2 利用 线 按钮在前视图创建如图 4-100 所示的图形。

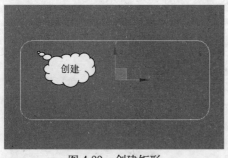

图 4-99 创建矩形

图 4-100 创建图形

3 选择圆角矩形,在"修改器列表"下拉列表框中选择"倒角剖面"选项,然后单击 拾取剖面 按钮,如图 4-101 所示。

4 单击利用 线 按钮绘制的图形,拾取该图形作为剖面,得到需要的模型效果,如图 4-102 所示。

TIPS▶ 利用"倒角剖面"生成的三维模型依附于拾取的剖面图形,因此如果删除原始倒角剖面,则倒角剖面三维模型也将失效。

图 4-101 添加修改器

图 4-102 模型的最终效果

4.3.5 可渲染样条线

"可渲染样条线"修改器可以将二维线条快速转换为三维模型。选择二维图形，在命令面板"修改"选项卡的"修改器列表"下拉列表框中选择"可渲染样条线"选项即可，并可以在命令面板中进一步对可渲染样条线的厚度等参数进行设置。

下面以创建弹簧为例，介绍"可渲染样条线"修改器的使用方法。

 上机实战 4-8 创建弹簧模型

素材文件：无	效果文件：效果\第 4 章\tanhuang.max
视频文件：视频\第 4 章\4-8.swf	操作重点："可渲染样条线"修改器的应用与设置

1 新建场景文件，利用 螺旋线 按钮创建一个图形，两个半径为 "35.0mm"，高度为 "100.0mm"，圈数为 "5.0"，如图 4-103 所示。

2 在"修改器列表"下拉列表框中选择"可渲染样条线"选项，并将"参数"卷展栏中的厚度设置为 "8.0mm"，边数设置为 "32"，效果如图 4-104 所示。

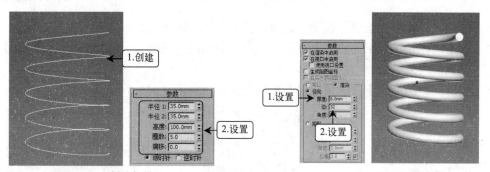

图 4-103 创建螺旋线   图 4-104 模型的最终效果

4.4 课堂实训——制作现代装饰品摆件

下面将通过制作一个现代装饰品摆件为例，综合练习样条线的创建、可编辑样条线的设置以及二维图形转换为三维模型修改器的应用等内容，制作后的效果如图 4-105 所示。

素材文件：无	效果文件：效果\第 4 章\zhuangshipin.max
视频文件：视频\第 4 章\4-4-1.swf、4-4-2.swf、4-4-3.swf	操作重点：创建矩形、创建线、设置可编辑样条线、应用挤出、倒角和车削修改器

图 4-105　装饰品摆件效果图

1．制作支柱模型

通过矩形、可编辑样条线和挤出修改器制作装饰品摆件的支柱模型。

1　新建场景文件，在命令面板的"创建"选项卡中单击"图形"按钮，然后单击 矩形 按钮，如图 4-106 所示。

2　在前视图中拖动鼠标创建如图 4-107 所示的矩形，单击鼠标右键结束创建。

3　在命令面板中进入"修改"选项卡，在创建的矩形选项上单击鼠标右键，在弹出的快捷菜单中选择"可编辑样条线"命令，如图 4-108 所示。

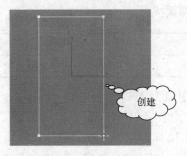

图 4-106　选择矩形工具　　　　图 4-107　创建矩形　　　　图 4-108　转换为可编辑样条线

4　展开"可编辑样条线"选项，选择"顶点"选项进入该层级，如图 4-109 所示。

5　利用选择并移动工具旋转左下方的顶点，将其沿 x 轴向右侧适当移动，如图 4-110 所示。

6　按相同方法将右下方的顶点向左侧适当移动，如图 4-111 所示。

图 4-109　进入顶点层级　　　　图 4-110　移动顶点　　　　图 4-111　移动顶点

7　在命令面板的"几何体"卷展栏中单击 优化 按钮，如图 4-112 所示。

8　在矩形两侧的线段上单击鼠标添加顶点，如图 4-113 所示。

9 选择左侧添加的顶点，按【E】键切换到选择并旋转工具，适当旋转顶点，调整线段的弯曲方向，如图 4-114 所示。

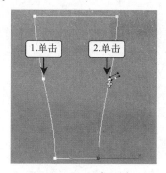

图 4-112 优化顶点　　　　　图 4-113 添加顶点　　　　　图 4-114 旋转顶点

10 按相同方法旋转右侧的顶点，如图 4-115 所示。

11 按住【Ctrl】键，框选上下两侧的 4 个顶点，如图 4-116 所示。

12 在命令面板中 圆角 按钮右侧的数值框中输入"1.0mm"，如图 4-117 所示。

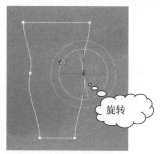

图 4-115 旋转顶点　　　　　图 4-116 选择顶点　　　　　图 4-117 设置圆角

13 选择"可编辑样条线"选项退出顶点层次，如图 4-118 所示。

14 在"修改器列表"下拉列表框中选择"挤出"选项，如图 4-119 所示。

15 在命令面板的"参数"卷展栏中将数量设置为"40.0mm"，如图 4-120 所示。

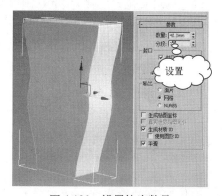

图 4-118 退出顶点层级　　　　图 4-119 选择修改器　　　　图 4-120 设置挤出数量

2. 制作树叶模型

利用样条线和倒角修改器制作装饰品摆件的树叶模型。

16 在"创建"选项卡中单击 线 按钮，然后拖动单击鼠标创建如图 4-121 所示的图形。

17 单击"修改"选项卡，进入顶点层级，拖动鼠标选择中间的 4 个顶点，如图 4-122 所示。

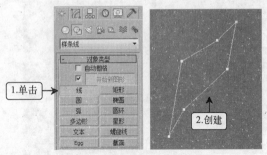

图 4-121　创建图形

图 4-122　选择顶点

18 在选择的任意顶点上单击鼠标右键，在弹出的快捷菜单中选择"Bezier"命令，如图 4-123 所示。

19 通过移动、旋转、缩放等工具调整顶点，更改图形外观，如图 4-124 所示。

20 退出顶点层级，为图形添加"倒角"修改器，在"倒角值"卷展栏中将各级别参数按如图 4-125 所示的内容进行设置。

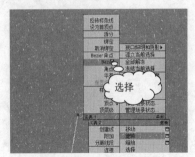

图 4-123　更改顶点类型

图 4-124　调整顶点

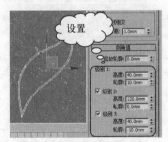

图 4-125　设置倒角值

21 按【Alt+A】组合键，单击支柱模型，在打开的对话框中将两个图形在 x 轴、y 轴和 z 轴上的对齐位置设置为中心与中心对齐，如图 4-126 所示。

22 再次将树叶模型在 y 轴上与支柱模型进行最小对齐最大设置，如图 4-127 所示。

23 完成树叶模型的创建，如图 4-128 所示。

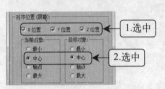

图 4-126　对齐图形

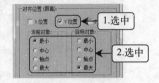

图 4-127　对齐图形

图 4-128　树叶模型的效果

3. 制作水滴模型

继续利用样条线和车削修改器制作装饰品摆件的水滴模型。

24 利用 ▇▇▇线 工具创建图形，并进入顶点层级调整图形外观，如图 4-129 所示。

25 选择"Line"选项，为图形添加"车削"修改器，展开"车削"修改器，选择"轴"选项，如图 4-130 所示。

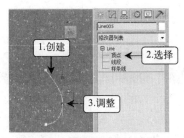

图 4-129　创建并调整图形

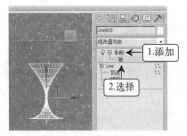

图 4-130　添加修改器

26 沿 x 轴方向调整坐标轴，使图形形成水滴外观，如图 4-131 所示。

27 在"参数"卷展栏中选中"焊接内核"复选框，将分段数量设置为"32"，如图 4-132 所示。

28 拖动相同的对齐设置将水滴模型对齐支柱模型，完成操作，如图 4-133 所示。

图 4-131　移动轴

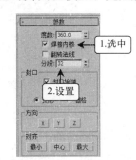

图 4-132　设置参数

图 4-133　对齐模型

4.5　疑难解答

1. 问：为什么在操作过程中无法将矩形附加到创建的椭圆图形上呢？

答：附加样条线时，应在可编辑样条线的状态下进行。比如要将矩形附加到椭圆图形上，应首先将椭圆转换为可编辑样条线，然后进入到可编辑样条线的任意层级，利用 附加 按钮附加需要的其他图形。

2. 问：使用车削修改器时，只能创建围绕指定轴旋转一周的模型吗？要想创建有一定缺口范围的车削图形该怎么办呢？

答：很简单。为图形应用车削修改器后，在命令面板中"参数"卷展栏的"度数"数值框中设置旋转度数即可。

3. 问：车削修改器的"焊接内核"功能有什么作用呢？

答：当由于旋转轴位置不精确时，车削后得到的图形可能会出现一些复杂的网格，此时利用"焊接内核"功能便能通过将旋转轴中的顶点焊接来简化网格。

4. 问：为什么创建线条时，会自动创建出三维状态的图形？

答：这可能是由于选中了"渲染"卷展栏中的"在渲染中启用"和"在视口中启用"复选框的原因，选中了这两个复选框后，就相当于为二维图形添加了"可渲染样条线"修改器。只要取消这两个复选框，就能创建需要的二维图形了。

4.6 课后练习

1．制作如图 4-134 所示的台历模型。可以使用多边形、可编辑样条线和挤出修改器制作台历模型，并利用螺旋线和可渲染样条线修改器制作台历上方的固定圈模型（效果文件：效果\第 4 章\课后练习\taili.max）。

2．制作如图 4-135 所示的笔架模型。通过圆角矩形和圆的附加与布尔计算，得到右上方的笔架台面造型，为其应用倒角修改器转换为三维模型，然后利用基本几何体创建笔筒和笔模型（效果文件：效果\第 4 章\课后练习\bijia.max）。

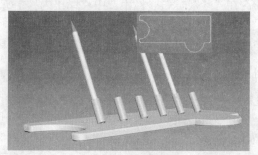

图 4-134　台历模型　　　　　　　　　　图 4-135　笔架模型

3．制作如图 4-136 所示的铁艺凳子模型。首先通过椭圆和圆形制作出如图 4-137 所示的花纹图形，然后通过复制、缩放和渲染样条线等操作制作凳子背部。接着创建圆，并进行轮廓和挤出设置制作凳座周围的圆圈，凳面利用切角圆柱体制作，凳脚和支架利用线条并进行渲染制作（效果文件：效果\第 4 章\课后练习\dengzi.max）。

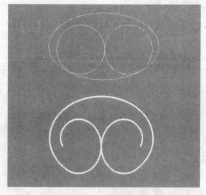

图 4-136　铁艺凳子模型　　　　　　　　图 4-137　花纹图形

第 5 章　复合建模

内容提要

复合建模是指将两个或多个现有对象组合成一个对象的建模方法，3ds Max 2013 提供了多种复合建模的功能，其中使用最广泛的是布尔和放样，前者是以三维物体为建模对象，而后者是以二维图形为建模对象。本章将详细介绍使用这两种方法进行复核建模的操作，从而掌握创建复杂模型的基本方法。

学习重点与难点

➢ 掌握布尔运算的建模方法
➢ 熟悉 ProBoolean 建模的操作
➢ 掌握放样的创建与设置方法
➢ 了解并熟悉放样的几种变形方法
➢ 熟悉并掌握多截面放样的操作

5.1　布尔

布尔操作可以将两个或多个对象通过一定的计算方法组合为一个整体，是利用三维模型创建对象的一种非常有用的工具，下面主要介绍布尔运算和 PorBoolean（超级布尔运算）的使用方法。

5.1.1　布尔运算

布尔运算包括集中计算规则，即并集、交集、差集（A–B）、差集（B–A）以及切割等，下面将重点介绍前面 4 种常用的布尔运算规则。

● 并集：包含两个对象的体积，并删除这些对象的相交部分或重叠部分，如图 5-1 所示。
● 交集：包含两个对象重叠位置的体积，如图 5-2 所示。
● 差集（A-B）：包含 A 物体减去与 B 物体相交部分的体积，如图 5-3 所示。

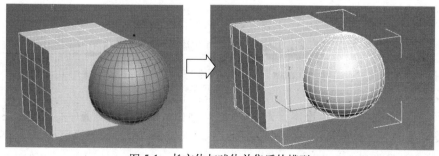

图 5-1　长方体与球体并集后的模型

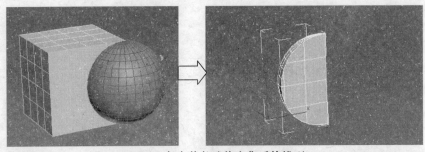

图 5-2　长方体与球体交集后的模型

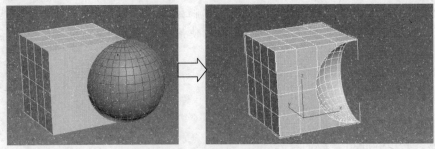

图 5-3　长方体减去球体后的差集模型

● 差集（B-A）：包含 B 物体减去与 A 物体相交部分的体积，如图 5-4 所示。

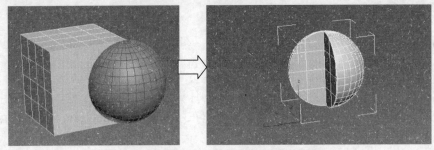

图 5-4　球体减去长方体后的差集模型

　　使用布尔运算的方法为：选择对象 A，在"创建"选项卡中单击"几何体"按钮 ，在下拉列表框中选择"复合对象"选项，然后单击 布尔 按钮，在"操作"栏中选择计算方法后单击 拾取操作对象B 按钮，并选择对象 B 即可。

　　下面将使用布尔运算中的差集（A–B）计算规则来制作纸杯模型。

 上机实战 5-1　创建纸杯模型

素材文件：素材\第 5 章\zhibei.max	效果文件：效果\第 5 章\zhibei.max
视频文件：视频\第 5 章\5-1.swf	操作重点：布尔运算

　　1　打开素材提供的"zhibei.max"文件，复制其中的圆锥体，减小其半径 1、半径 2 和高度的数量，如图 5-5 所示。

　　2　在前视图中将两个圆锥体首先在 x 轴、y 轴和 z 轴上中心对齐中心，然后在 y 轴上最大对齐最大，如图 5-6 所示。

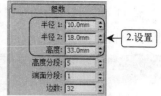

图 5-5 复制并修改圆锥体

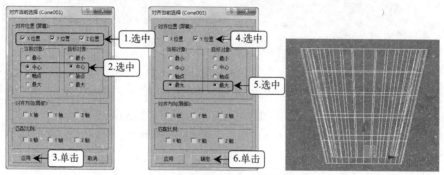

图 5-6 调整圆锥体对齐位置

3 选择较大的圆锥体，在"创建"选项卡中单击"几何体"按钮 ，在下拉列表框中选择"复合对象"选项，并单击 布尔 按钮，如图 5-7 所示。

4 在"操作"栏中选中"差集（A-B）"单选项，单击 拾取操作对象B 按钮，如图 5-8 所示。

5 得到纸杯的布尔模型，效果如图 5-9 所示。

图 5-7 使用布尔工具　　　　图 5-8 选择计算规则　　　　图 5-9 模型的最终效果

5.1.2 ProBoolean

布尔运算只能对两个对象进行组合，如果想在已经进行布尔运算后的对象上再次进行布尔计算，则前一次计算的效果将消失。此时可以利用 ProBoolean 工具实现多对象的布尔运算功能。

下面使用 ProBoolean 制作蜂窝煤模型为例，介绍该工具的使用方法。

 上机实战 5-2 创建蜂窝煤模型

素材文件：素材\第 5 章\fengwomei.max	效果文件：效果\第 5 章\fengwomei.max
视频文件：视频\第 5 章\5-2.swf	操作重点：ProBoolean 的使用

1 打开素材提供的"fengwomei.max"文件，复制其中的切角圆柱体，将其半径和高度进行适当调整，如图 5-10 所示。

  2 复制 11 个调整后的切角圆柱体，然后在顶视图和左视图中调整这些对象的位置，如图 5-11 所示。

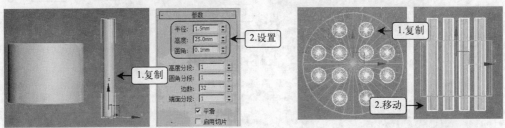

图 5-10 修改切角圆柱体   图 5-11 复制并移动切角圆柱体

  3 选择较大的切角圆柱体，在"创建"选项卡中单击"几何体"按钮 ，在下拉列表框中选择"复合对象"选项，单击 ProBoolean 按钮，如图 5-12 所示。

  4 在"运算"栏中选中"差集"单选项，单击 开始拾取 按钮，如图 5-13 所示。

  5 依次单击视图中的所有较小的切角圆柱体，完成后单击鼠标右键，得到如图 5-14 所示的模型效果。

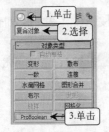
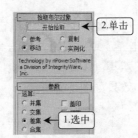

图 5-12 使用 ProBoolean 工具   图 5-13 选择计算规则   图 5-14 模型的最终效果

5.2 放样

  放样是一种功能强大的复合对象工具，它可以将二维图形沿某个方向进行挤出生成三维模型，还能对放样依附的路径或图形以及放样后得到的模型进行各种设置和变形，以得到更加复杂的模型效果。

5.2.1 放样的创建与设置

  选择路径，在"创建"选项卡中单击"几何体"按钮 ，在下拉列表框中选择"复合对象"选项，并单击 放样 按钮，在"创建方法"卷展栏中单击 获取图形 按钮，然后选择视图中的图形即可生成放样模型，还可以在"修改"选项卡中对图形或路径进行调整。

  下面通过放样的创建与设置制作咖啡杯的把手为例，介绍该工具的使用方法。

 上机实战 5-3 创建咖啡杯把手

素材文件：素材\第 5 章\kafeibei.max	效果文件：效果\第 5 章\kafeibei.max
视频文件：视频\第 5 章\5-3.swf	操作重点：放样、路径设置、图形设置

1 打开素材提供的"kafeibei.max"文件,在前视图中利用  工具创建把手路径,如图 5-15 所示。

2 利用 椭圆 工具创建把手的横截面图形,并将其转化成可编辑样条线,如图 5-16 所示。

图 5-15　创建路径

图 5-16　创建图形

3 选择路径,在"创建"选项卡中单击"几何体"按钮○,在下拉列表框中选择"复合对象"选项,单击 放样 按钮,在"创建方法"卷展栏中单击 获取图形 按钮,如图 5-17 所示。

4 在前视图中单击椭圆可编辑样条线,如图 5-18 所示。

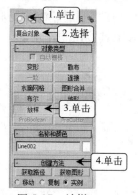

图 5-17　放样

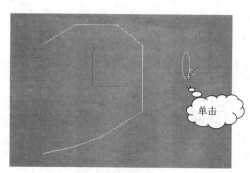

图 5-18　获取图形

 在创建放样模型时,也可以选择图形,然后在命令面板中单击 获取路径 按钮来生成模型。

5 在顶视图和左视图中将放样后生成的模型与杯体连接,如图 5-19 所示。

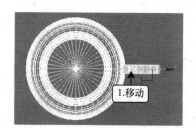

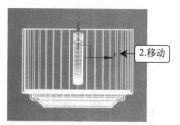

图 5-19　移动把手位置

6 选择原路径和图形,对其顶点和样条线进行适当调整和缩放,如图 5-20 所示。

7 放样模型将同步进行修改,效果如图 5-21 所示。

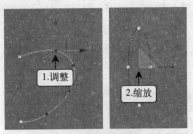

图 5-20 调整路径和图形

图 5-21 模型的最终效果

5.2.2 放样的变形

可以利用命令面板中的"变形"卷展栏对生成的放样模型进行各种变形控制，包括缩放、扭曲、倾斜、倒角以及拟合变形等操作，下面主要介绍前面 4 种常用的放样变形功能的作用和使用方法。

1. 缩放

缩放变形可以使放样物体沿着路径方向进行缩放，如图 5-22 所示。选择放样物体，在命令面板"修改"选项卡的"变形"卷展栏中单击 缩放 按钮，在打开的"缩放变形"对话框中进行设置即可缩放变形，如图 5-23 所示。该对话框中部各工具按钮的作用如下。

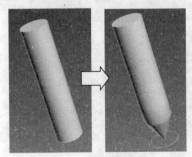

图 5-22 缩放变形

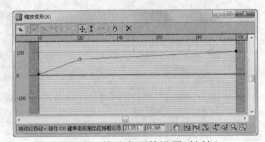

图 5-23 缩放变形的设置对话框

- ◤、◥、✕按钮：单击相应的按钮可以在对话框的调整区中显示对应的变形曲线，其中红色代表 x 轴、绿色代表 y 轴，调整相应颜色的曲线将使放样物体在相应坐标轴进行缩放变形。
- ✛按钮：单击该按钮后，可以在调整区中拖动变形曲线上的控制点。
- ▬按钮：单击该按钮后，可以在调整区的变形曲线上单击鼠标添加控制点。
- ▣按钮：单击该按钮将删除变形曲线上选择的控制点。
- ✕按钮：单击该按钮将使变形曲线重置为原始状态。
- 调整区：在调整区中可以拖动控制点调整变形曲线，从而控制放样物体的形状。

TIPS▶ 在变形曲线的控制点上单击鼠标右键，在弹出的快捷菜单中可以设置控制点的类型，包括"角点"、"Bezier-平滑"和"Bezier-角点"3 种类型。

2. 扭曲

扭曲变形可以沿着放样物体的长度创建盘旋或扭曲的对象，如图 5-24 所示。选择放样物体，在命令面板"修改"选项卡的"变形"卷展栏中单击 扭曲 按钮，在打开的"扭曲变形"对话框中进行设置即可扭曲变形。

图 5-24　扭曲变形

3. 倾斜

倾斜变形可以围绕局部 x 轴和 y 轴旋转放样物体，使横截面达到倾斜的效果，如图 5-25 所示。选择放样物体，在命令面板"修改"选项卡的"变形"卷展栏中单击 倾斜 按钮，在打开的"倾斜变形"对话框中进行设置即可倾斜变形。

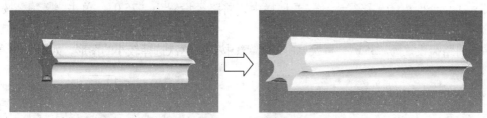

图 5-25　倾斜变形

4. 倒角

倒角变形可以为放样物体创建具有切角、圆角的边缘效果，如图 5-26 所示。选择放样物体，在命令面板"修改"选项卡的"变形"卷展栏中单击 倒角 按钮，在打开的"倒角变形"对话框中进行设置即可倒角变形。

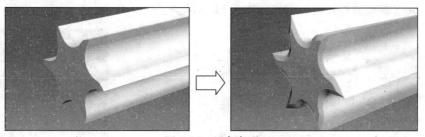

图 5-26　倒角变形

5.2.3　多截面放样

多截面放样可以使放样物体在路径的不同位置应用各种不同的截面，从而得到更加复杂的模型效果。

下面以创建墨水瓶为例，介绍多截面放样功能的使用方法，其具体操作如下。

 上机实战 5-4　创建墨水瓶

素材文件：素材\第 5 章\moshuiping.max	效果文件：效果\第 5 章\ moshuiping.max
视频文件：视频\第 5 章\5-4.swf	操作重点：多截面放样

1 打开素材提供的"moshuiping.max"文件,在前视图中选择线段路径,在"创建"选项卡中单击"几何体"按钮 🔘,在下拉列表框中选择"复合对象"选项,并单击 放样 按钮,如图 5-27 所示。

2 在"创建方法"卷展栏中选择单击 获取图形 按钮,选择较大的图形,如图 5-28 所示。

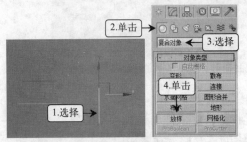

图 5-27　放样

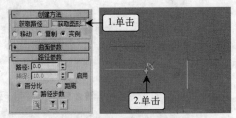

图 5-28　获取图形

3 在命令面板的"路径参数"卷展栏中,将路径设置为"75.0",单击 获取图形 按钮,再次选择较大的图形,如图 5-29 所示。

4 将路径设置为"85.0",再次单击 获取图形 按钮,这次选择较小的图形,如图 5-30 所示。

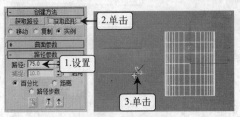

图 5-29　获取图形

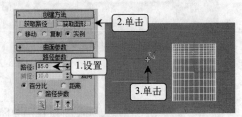

图 5-30　获取图形

5 将路径设置为"100.0",单击 获取图形 按钮,继续选择较小的图形,如图 5-31 所示。

6 完成多截面放样设置,效果如图 5-32 所示。

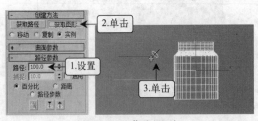

图 5-31　获取图形

图 5-32　模型的最终效果

5.3　课堂实训——创建牙膏模型

下面通过制作一个简易牙膏模型为例,综合练习放样、放样变形和布尔运算的操作,另外还将涉及涡轮平滑修改器的应用,制作后的效果如图 5-33 所示。

素材文件:无	效果文件:效果\第 5 章\yagao.max
视频文件:视频\第 5 章\5-5.swf	操作重点:放样、缩放与倒角变形、布尔、涡轮平滑

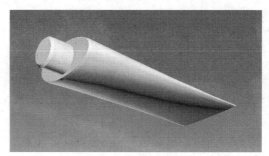

图 5-33　牙膏模型效果图

操作步骤

1　新建场景文件，在前视图中创建一个长度为"240.0mm"，宽度为"120.0mm"的椭圆，如图 5-34 所示。

2　在椭圆上方从左到右创建一条直线，如图 5-35 所示。

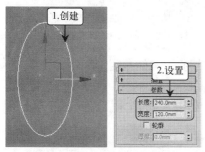

图 5-34　创建椭圆图形

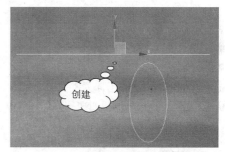

图 5-35　创建直线图形

3　选择创建的直线，在"创建"选项卡中单击"几何体"按钮，在下拉列表框中选择"复合对象"选项，并单击 放样 按钮，在"创建方法"卷展栏中单击 获取图形 按钮，如图 5-36 所示。

4　选择创建的椭圆，如图 5-37 所示。

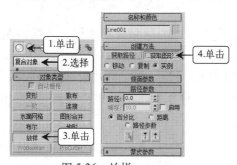

图 5-36　放样

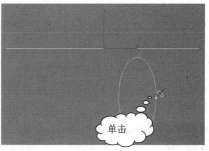

图 5-37　获取图形

5　此时将沿直线生成放样的模型，在命令面板中展开"变形"卷展栏，单击 缩放 按钮，如图 5-38 所示。

6　打开"缩放变形"对话框，单击 按钮取消稳定约束，调整左侧控制点位置，如图 5-39 所示。

7　关闭"缩放变形"对话框，放样模型将应用所作的缩放变形调整，效果如图 5-40 所示。

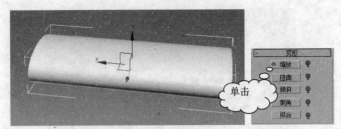

图 5-38 缩放变形

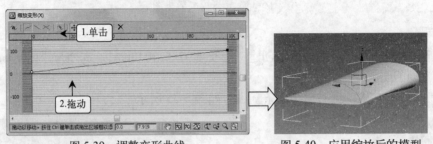

图 5-39 调整变形曲线　　　　图 5-40 应用缩放后的模型

8 在命令面板的"变形"卷展栏中单击 倒角 按钮打开"倒角变形"对话框，单击 按钮，在变形曲线右侧单击添加控制点，如图 5-41 所示。

9 单击 按钮，移动变形曲线上控制点的位置，如图 5-42 所示。

图 5-41 添加控制点

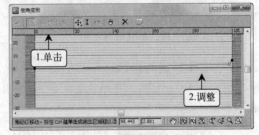

图 5-42 调整控制点位置

10 关闭"倒角变形"对话框，放样模型将应用所作的倒角变形调整，效果如图 5-43 所示。

11 在顶视图创建一个切角圆柱体，将半径设置为"32.0mm"、高度设置为"100.0mm"、圆角设置为"5.0mm"，边数设置为"32"，并将其与放样模型在 x 轴和 y 轴上中心与中心对齐，如图 5-44 所示。

图 5-43 应用倒角后的模型

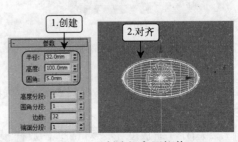

图 5-44 创建切角圆柱体

12 在前视图中调整切角圆柱体位置，使其与放样模型适当相交，如图 5-45 所示。

13 选择放样模型，在命令面板的"创建"选项卡中单击"几何体"按钮 ⊙，在下拉列表框中选择"复合对象"选项，然后单击 布尔 按钮，在"操作"栏中选中"并集"单选项，然后单击 拾取操作对象B 按钮，如图 5-46 所示。

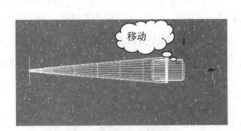

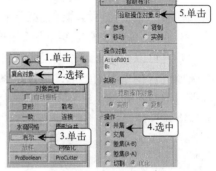

图 5-45　移动切角圆柱体　　　　　　　　　　　图 5-46　布尔运算

14 选择切角圆柱体，如图 5-47 所示。

15 此时将完成布尔运算，得到如图 5-48 所示的模型效果。

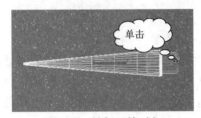

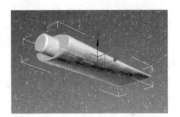

图 5-47　选择运算对象　　　　　　　　　　　　图 5-48　布尔运算后的模型

16 选择当前的模型对象，在"修改"选项卡的"修改器列表"下拉列表框中选择"涡轮平滑"选项，将"涡轮平滑"卷展栏中的迭代次数设置为"0"，如图 5-49 所示。

17 完成模型的创建，效果如图 5-50 所示。

图 5-49　应用涡轮平滑修改器　　　　　　　　图 5-50　模型的最终效果

5.4　疑难解答

1.　问：在不使用 ProBoolean 进行超级布尔计算的前提下，仅仅使用布尔运算可以对多个对象进行组合吗？

答：可以。首先将需要组合的某个模型转换为可编辑多边形（使用右键菜单），然后利用附加的方法附加其他模型，最后单独对原模型和附加后的模型进行布尔运算即可，其中涉及的可编辑多边形操作，本书将在第 7 章进行单独讲解。

2. 问：为什么通过图形进行放样后，无法对图形进行修改呢？

答：要想对图形进行修改，在进行放样前，需将该图形转换为可编辑样条线，这样才能使放样后的模型随可编辑样条线形状的变化而变化。

3. 问：不小心在放样后将原图形和路径删除了，此时还能对放样模型进行编辑吗？

答：可以。在修改器堆栈中展开"Loft（放样）"选项，选择"图形"选项，然后在视图中选择放样模型中的图形，此时在修改器堆栈中便会出现可编辑样条线选项，从而可对该图形进行编辑，如图 5-51 所示。若选择"路径"选项，则可在视图中选择路径，然后在修改器堆栈中对该路径进行编辑，如图 5-52 所示。

图 5-51 修改图形

图 5-52 修改路径

4. 问：在对放样模型进行变形时，控制点所在区域不容易调整该怎么办？

答：利用缩放按钮将控制点所在的区域进行放大处理即可，方法为：在变形对话框右下角的一组按钮 专用于控制区域的大小，从左至右各按钮的作用依次为：对调整区进行水平缩放（向左拖动缩小、向右拖动放大）；对调整区进行垂直缩放（向上拖动放大、向下拖动缩小）；对调整区进行缩放；对调整区进行框选缩放。

5.5 课后练习

1. 制作如图 5-53 所示的烟灰缸模型。首先创建切角长方体和圆柱体，然后利用 ProBoolean 进行超级布尔计算（效果文件：效果\第 5 章\课后练习\yanhuigang.max）。

2. 制作如图 5-54 所示的杯子模型。杯体利用车削修改器制作，把手利用放样的方式制作（效果文件：效果\第 5 章\课后练习\beizi.max）。

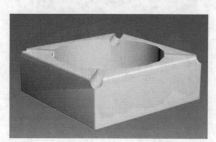
图 5-53 烟灰缸模型效果

图 5-54 杯子模型效果

3. 制作如图 5-55 所示的窗帘模型（效果文件：效果\第 5 章\课后练习\chuanglian.max）。

（1）利用 L-Ext 创建墙体，并与长方体进行差集布尔运算制作出窗户。

（2）创建长度相似的两段线段作为窗帘的褶皱，从上至下创建直线，在路径为"0"和"100"处放样不同的线段图形。

（3）对放样模型进行缩放变形，制作出收紧效果，最后复制模型。

图 5-55　窗帘模型效果

第 6 章 修改器建模

内容提要

本章将系统介绍使用修改器建模的方法，包括修改器的类型、修改器堆栈的使用和常用修改的应用等。

学习重点与难点

➢ 了解修改器的类型和修改器堆栈

➢ 掌握修改器的使用方法

➢ 掌握 FFD 修改器、弯曲修改器、扭曲修改器以及壳修改器的应用

➢ 了解并熟悉噪波修改器、锥化修改器和网格平滑修改器

6.1 修改器介绍

修改器可以对模型进行编辑和重新塑形，从而改变这些模型的形状和属性，使用修改器建模是目前非常热门的建模方式。

6.1.1 修改器的类型

在 3ds Max 2013 中集成了大量的修改器，按照作用的不同，可以将这些修改器分为选择修改器、世界空间修改器和对象空间修改器等几种类型。

- 选择修改器：可以快速在复杂的场景中选择相应的对象，包括网格选择、面片选择、多边形选择以及体积选择等，还可以对这些选择的对象应用其他修改器。
- 世界空间修改器：基于世界空间坐标，无论物体是否进行了移动、旋转等修改，这类修改器都不会发生变化。
- 对象空间修改器：是使用最多的修改器类型，它单独应用与选择的对象，当对象移动时，修改器也将同时移动。

6.1.2 认识与使用修改器堆栈

修改器堆栈是使用修改器的场所，要想更加准确和熟练地使用修改器建模，那么就应该对修改器堆栈有一定程度的认识。如图 6-1 所示为应用了多个修改器后的堆栈面板。

1. 选择修改器

选择修改器即是为对象应用修改器，只需选择视图中的某个对象后，在"修改"选项卡的"修改器列表"下拉列表框中选择需要的修改器选项即可。如图 6-2 所示。

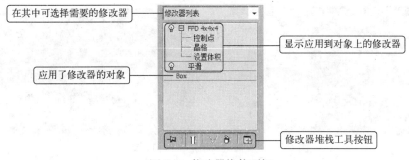

图 6-1　修改器堆栈面板

图 6-2　选择修改器

2. 调整修改器顺序

修改器顺序直接影响对象的形状和属性，当修改器堆栈中应用了多个修改器后，上层的修改器将最终影响对象，如图 6-3 所示为车削修改器与挤压修改器顺序不同时，同一物体反映出来的效果。

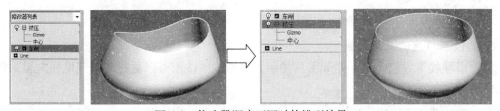

图 6-3　修改器顺序不同时的模型效果

在修改器堆栈中拖动修改器选项即可调整修改器顺序，如图 6-4 所示为将车削修改器调整到挤压修改器下方的操作方法。

图 6-4　调整修改器顺序的过程

3. 设置修改器

在应用修改器后，可以在修改器堆栈下方的卷展栏中对修改器属性进行设置，以便使修改器效果更加理想，如图 6-5 所示为更改挤压修改器径向挤压数量后的不同效果。

TIPS▶　如果修改器左侧出现有"展开"按钮➕，则可以单击该按钮，在展开的选项中对修改器中包含的层级对象进行进一步设置。

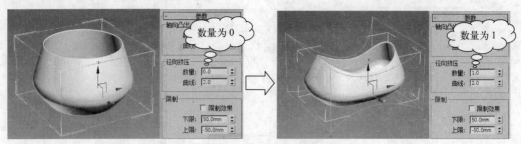

图 6-5　设置修改器后的不同模型效果

4. 启用与禁用修改器

启用与禁用修改器并不是指删除和应用修改器，而是指对已应用的修改器进行启用和禁用操作。单击修改器左侧的"灯泡"按钮，当其呈 状态时，表示该修改器处于启用状态；当其呈 状态时，表示该修改器处于禁用状态。如图 6-6 所示为同时启用车削和挤压的效果以及启用车削但禁用挤压的效果。

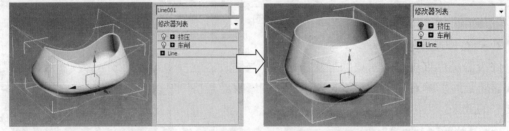

图 6-6　启用与禁用修改器后的不同模型效果

5. 修改器堆栈的工具按钮

修改器堆栈下方包含了一系列工具按钮，使用这些按钮可以更好地管理堆栈内容，各按钮的作用分别如下。

- "锁定堆栈"按钮 ：该按钮可以将当前堆栈锁定到对象上，避免操作时误进行了其他设置。
- "显示最终结果"按钮 ：该按钮可以显示在堆栈中应用的所有修改器后的效果。
- "使唯一"按钮 ：该按钮可以将已实例化或引用的对象、或已实例化的修改器转换为唯一的副本。
- "移除"按钮 ：该按钮可以将当前选择的修改器从堆栈中删除。
- "配置修改器集"按钮 ：单击该按钮可以弹出下拉菜单，利用其中的命令可以对修改器进行管理。如图 6-7 所示即为在该下拉菜单中选择"显示按钮"命令后，修改器堆栈的效果。

图 6-7　在修改器堆栈上显示按钮的效果

显示在修改器堆栈上的按钮，可以通过单击"配置修改器集"按钮⊞后，在弹出的下拉菜单中选择相应的修改器子类别来控制。

6. 塌陷修改器

在创建一个复杂的模型时，往往在整个操作过程中会应用到大量的修改器，这样非常不便于操作，当确认应用到对象上的修改器正确时，可以将它们进行塌陷，使多个修改器变为一个选项，为后面应用其他修改器减少控制内容。

在任意修改器或对象上单击鼠标右键，在弹出的快捷菜单中选择"塌陷全部"命令，然后在打开的提示对话框中单击 是(Y) 按钮即可塌陷修改器，如图 6-8 所示。

图 6-8　塌陷修改器

6.2　常用修改器

3ds Max 2013 中包含的修改器有很多，包括 FFD、弯曲、扭曲、壳、噪波、锥化以及网格平滑等内容。

6.2.1　FFD

FFD 修改器又称自由形式变形修改器，它可以用晶格框包围选择的物体，并通过调整控制点来改变物体的外观形状。

下面使用 FFD（长方体）修改器创建沙漏模型，其具体操作如下。

 上机实战 6-1　创建沙漏模型

素材文件：素材\第 6 章\shalou.max	效果文件：效果\第 6 章\shalou.max
视频文件：视频\第 6 章\6-1.swf	操作重点：FFD（长方体）修改器的应用与设置

1　打开素材提供的"shalou.max"文件，选择模型中间的圆柱体对象，在"修改"选项卡的"修改器列表"下拉列表框中选择"FFD（长方体）"选项，如图 6-9 所示。

2　在"FFD 参数"卷展栏中单击 设置点数 按钮，如图 6-10 所示。

3　打开"设置 FFD 尺寸"对话框，将高度的点数设置为"20"，单击 确定 按钮，如图 6-11 所示。

4　在修改器堆栈中展开"FFD（长方体）"选项，选择其中的"控制点"选项，如图 6-12 所示。

5　在前视图中拖动鼠标选择中间一层的控制点，如图 6-13 所示。

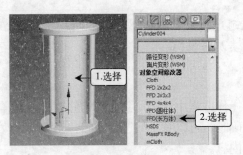

图 6-9　应用修改器

图 6-10　设置 FFD 晶格点数

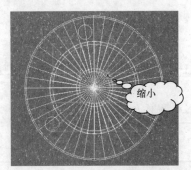

图 6-11　更改点数

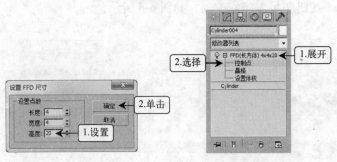

图 6-12　设置控制点

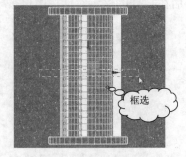

图 6-13　选择控制点

6 在顶视图上单击鼠标右键切换到该视图，使用缩放工具对选择的控制点沿 x 轴和 y 轴方向上进行缩放，如图 6-14 所示。

7 在前视图上单击鼠标右键切换到该视图，拖动鼠标选择当前所选控制点上下相邻的一层控制点，如图 6-15 所示。

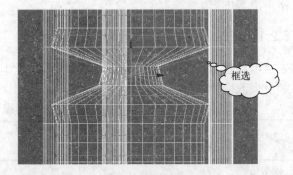

图 6-14　缩放控制点　　　　　图 6-15　选择控制点

8 再次切换到顶视图，缩放选择的控制点，如图 6-16 所示。

9 按相同方法调整其他控制点，制作出沙漏效果，如图 6-17 所示。

TIPS►

FFD 修改器包括 2×2×2、3×3×3、4×4×4、圆柱体和长方体等几种子类别。2×2×2 修改器表示在每个维度中提供了两个控制点的晶格，这样在晶格每一侧共有 4 个控制点，而圆柱体和长方体 FFD 修改器则可以更加灵活地设置控制点来更改对象，但同时对计算机的负担也更大。因此使用 FFD 修改器时，应根据选择的物体应用不同的修改器，不要一味地使用长方体或圆柱体 FFD 修改器。

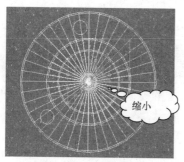

图 6-16 缩放控制点

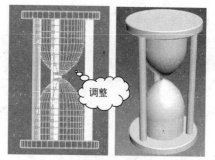

图 6-17 调整后的沙漏效果

6.2.2 弯曲

弯曲修改器可以将选择的物体围绕指定轴进行弯曲，并可以设置弯曲的角度、方向和限制弯曲的位置。

下面使用弯曲修改器创建被风吹弯的树木效果。

 上机实战 6-2 创建棕树模型

素材文件：素材\第 6 章\zongshu.max	效果文件：效果\第 6 章\zongshu.max
视频文件：视频\第 6 章\6-2.swf	操作重点：弯曲修改器的应用与设置

1 打开素材提供的"zongshu.max"文件，选择场景中的模型，在"修改"选项卡的"修改器列表"下拉列表框中选择"弯曲"选项，如图 6-18 所示。

2 在"参数"卷展栏中将角度和方向设置为"45.0"和"90.0"，将弯曲轴设置为"Z"，选中"限制效果"复选框，将上限设置为"300.0mm"，如图 6-19 所示。

3 完成弯曲设置，效果如图 6-20 所示。

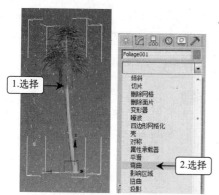

图 6-18 应用修改器

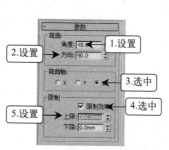

图 6-19 设置修改器

图 6-20 模型的最终效果

6.2.3 扭曲

扭曲修改器可以让选择的物体产生一种旋转效果，并可以设置任意轴上的扭曲角度、扭曲偏移和扭曲限制位置等属性。

上机实战 6-3 创建花瓶模型

素材文件：素材\第 6 章\huaping.max	效果文件：效果\第 6 章\huaping.max
视频文件：视频\第 6 章\6-3.swf	操作重点：扭曲修改器的应用与设置

1 打开素材提供的"huaping.max"文件，选择场景中的模型，在"修改"选项卡的"修改器列表"下拉列表框中选择"扭曲"选项，如图 6-21 所示。

2 在"参数"卷展栏中将角度和方向设置为"150.0"和"50.0"，将弯曲轴设置为"Z"，如图 6-22 所示。

3 完成扭曲设置，效果如图 6-23 所示。

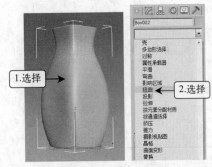
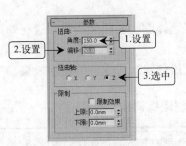

图 6-21　应用修改器　　　　图 6-22　设置修改器　　　图 6-23　模型的最终效果

6.2.4　壳

壳修改器可以为选择的物体增加一定的厚度，适用于将平面物体转换为具有厚度的物体，并可以指定厚度产生的大小和方向。

下面使用壳修改器创建碗模型。

 上机实战 6-4 创建碗模型

素材文件：素材\第 6 章\wan.max	效果文件：效果\第 6 章\wan.max
视频文件：视频\第 6 章\6-4.swf	操作重点：壳修改器和涡轮平滑修改器的应用与设置

1 打开素材提供的"wan.max"文件，选择场景中的模型，在"修改"选项卡的"修改器列表"下拉列表框中选择"壳"选项，如图 6-24 所示。

2 在"参数"卷展栏中将外部量设置为"2.0mm"，如图 6-25 所示。

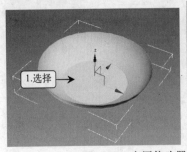

图 6-24　应用修改器　　　　　　　　　　　图 6-25　设置修改器

3 在 "修改器列表" 下拉列表框中选择 "涡轮平滑" 选项, 为物体应用该修改器, 如图 6-26 所示。

4 在 "涡轮平滑" 卷展栏中将迭代次数设置为 "2", 如图 6-27 所示。

5 完成设置后的模型效果如图 6-28 所示。

图 6-26 应用修改器

图 6-27 设置修改器

图 6-28 模型的最终效果

 增加涡轮平滑修改器的迭代次数可以使模型显得更加平滑, 但会消耗大量的计算机运算能力。将迭代次数设置得较高时, 甚至可能出现死机的现象。因此迭代次数不易设置得过高, 一般设置为 "2" 左右即可, 建议不超过 "3"。

6.2.5 噪波

噪波修改器可以使所选物体在任意方向轴上产生随机的不规则起伏, 适用于创建山地、海面等对象。

下面使用噪波修改器创建山地模型, 其具体操作如下。

 上机实战 6-5 创建山地模型

素材文件: 无	效果文件: 效果\第 6 章\shandi.max
视频文件: 视频\第 6 章\6-5.swf	操作重点: 噪波修改器的应用与设置

1 新建场景文件, 在顶视图中创建平面标准基本体, 将长度和宽度设置为 "1000.0mm", 长度分段和高度分段均设置为 "20", 如图 6-29 所示。

2 选择创建的对象, 为其添加 "噪波" 修改器, 如图 6-30 所示。

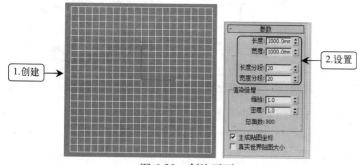

图 6-29 创建平面

图 6-30 应用修改器

3 在"参数"卷展栏中将种子设置为"3",将 Z 轴上的强度设置为"100.0mm",如图 6-31 所示。

4 设置后的模型效果如图 6-32 所示。

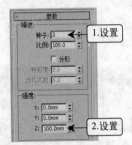

图 6-31　设置修改器

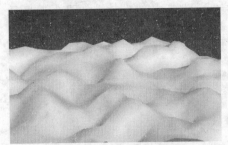

图 6-32　模型的最终效果

6.2.6　锥化

锥化修改器可以将所选对象的两端进行缩放而产生锥化轮廓,可以设置锥化的方向柱、锥化程度等属性。

下面使用锥化修改器创建蘑菇模型。

 上机实战 6-6　创建蘑菇模型

素材文件:素材\第 6 章\mogu.max	效果文件:效果\第 6 章\mogu.max
视频文件:视频\第 6 章\6-6.swf	操作重点:锥化修改器的应用与设置

1 打开素材提供的"mogu.max"文件,选择场景中的模型,在"修改"选项卡的"修改器列表"下拉列表框中选择"锥化"选项,如图 6-33 所示。

2 在"参数"卷展栏中将锥化的数量和曲线设置为"10"和"-8",将主轴和效果轴分别设置为"Z"和"XY",如图 6-34 所示。

3 完成锥化设置,效果如图 6-35 所示。

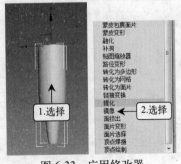

图 6-33　应用修改器

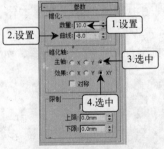

图 6-34　设置修改器

图 6-35　模型的最终效果

6.2.7　网格平滑

网格平滑修改器可以使用多种不同的计算方法来平滑选择的物体,可以通过控制平滑后创建的新面大小和数量来达到想要的曲面平滑效果。

下面使用网格平滑修改器创建烛台模型。

 上机实战 6-7　创建烛台模型

素材文件：素材\第 6 章\zhutai.max	效果文件：效果\第 6 章 zhutai.max
视频文件：视频\第 6 章\6-7.swf	操作重点：网格平滑修改器的应用与设置

1　打开素材提供的"zhutai.max"文件，选择场景中的模型，在"修改"选项卡的"修改器列表"下拉列表框中选择"网格平滑"选项，如图 6-36 所示。

2　在"参数"卷展栏中将迭代次数设置为"2"，如图 6-37 所示。

3　完成网格平滑设置，效果如图 6-38 所示。

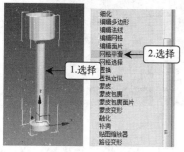

图 6-36　应用修改器

图 6-37　设置修改器

图 6-38　模型的最终效果

6.3　课堂实训——创建花瓶模型

下面通过制作一个花瓶模型为例，综合练习修改器的使用和常用修改器的应用与设置方法，制作后的效果如图 6-39 所示。

素材文件：无	效果文件：效果\第 6 章\huaping2.max
视频文件：视频\第 6 章\6-8.swf	操作重点：车削、锥化、涡轮平滑、FFD、弯曲

图 6-39　花瓶模型的不同角度效果图

操作步骤

1　新建场景文件，利用　线　按钮创建如图 6-40 所示的线段。

2　进入样条线层级，通过　轮廓　按钮为线段增加向外的轮廓，如图 6-41 所示。

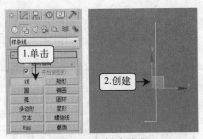

图 6-40　创建线段

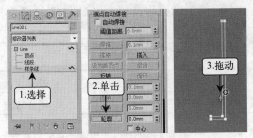

图 6-41　创建轮廓

3　进入顶点层级，使用 圆角 按钮为上方和转角的顶点创建圆角，如图 6-42 所示。

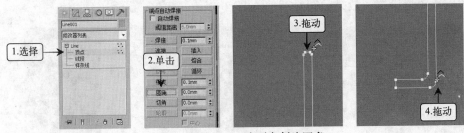

图 6-42　为顶点创建圆角

4　退出顶点层级，为图形应用车削修改器，单击"对齐"栏中的 最小 按钮，将分段数设置为"8"，如图 6-43 所示。

图 6-43　应用并设置车削修改器

5　为模型应用锥化修改器，并展开该修改器，选择"中心"选项，如图 6-44 所示。

6　将坐标轴移至模型中心，将数量和曲线分别设置为"–0.5"和"–1"，如图 6-45 所示。

图 6-44　应用锥化修改器

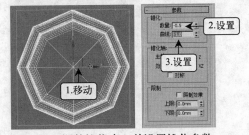

图 6-45　调整锥化中心并设置锥化参数

7　为模型应用网格平滑修改器，将迭代次数设置为"2"，如图 6-46 所示。

8　在网格平滑修改器选项上单击鼠标右键，在弹出的快捷菜单中选择"塌陷全部"命令，在打开的对话框中单击 是(Y) 按钮，如图 6-47 所示。

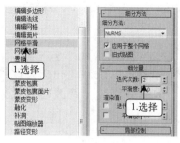

图 6-46 应用并设置网格平滑修改器

图 6-47 塌陷修改器

9 为模型应用 FFD 4×4×4 修改器，展开该修改器并选择"控制点"选项，如图 6-48 所示。

10 对每一层控制点进行适当缩放，调整出花瓶的外观形状，如图 6-49 所示。

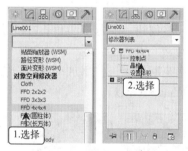

图 6-48 应用 FFD 修改器

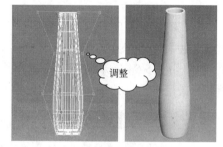

图 6-49 调整控制点

11 利用 AEC 扩展对象创建"芳香蒜"植物，仅显示花部分并取消树冠显示模式，如图 6-50 所示。

12 为该模型应用弯曲修改器，设置弯曲角度为"25.0"，如图 6-51 所示。

13 在顶视图中旋转并复制多个植物，如图 6-52 所示。最后将植物与花瓶放置到合适的位置组合起来即可。

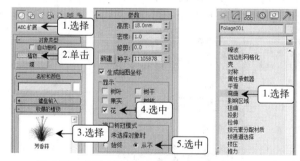

图 6-50 创建植物模型

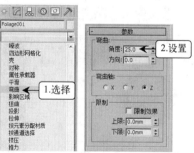

图 6-51 应用并设置弯曲修改器

图 6-52 复制模型

6.4 疑难解答

1. 问：FFD 修改器中控制点、晶格和设置体积选项各有什么作用？

答：控制点决定对象的基本形状；晶格决定控制点的位置，移动或缩放晶格时，位于体积内的控制点会局部变形；设置体积同样可以决定控制点的位置，但与晶格不一样的是，设置体积的变化不会影响所修改的对象形状。

2．问：为什么无法使用弯曲修改器对创建的圆柱体进行弯曲处理？

答：这是分段数较少的原因导致的，不仅弯曲修改器，FFD 修改器、扭曲修改器等许多修改器，其效果与分段数的多少都直接相关，提高物体的分段数，修改器的效果便会更加显著。

3．问：涡轮平滑与网格平滑有什么区别呢？

答：二者的基本效果大致相似，但涡轮平滑采用的计算方法更加优秀，因此效果要更好一些，没有特殊需要的情况下，建议使用涡轮平滑修改器处理对象。

6.5　课后练习

1．制作如图 6-53 所示的沙发模型。坐垫由切角圆柱体创建，靠背由切角长方体经过弯曲后得到（效果文件：效果\第 6 章\课后练习\shafa.max）。

2．制作如图 6-54 所示的花瓶模型。通过样条线创建花瓶外观，并添加车削和壳修改器创建模型，最后平滑（效果文件：效果\第 6 章\课后练习\huapin.max）。

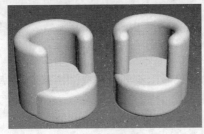  

图 6-53　沙发模型　　　　　　　图 6-54　花瓶模型

3．制作如图 6-55 所示的装饰品模型。模型下方为切角长方体，上方为圆柱体经过 FFD 和弯曲后得到的造型（效果文件：效果\第 6 章\课后练习\zhuangshipin.max）。

图 6-55　月牙装饰品模型

第 7 章 多边形建模

内容提要

多边形建模是目前使用最为广泛的建模方式之一，利用这种方式几乎可以创建出各种形状的模型，且操作非常灵活便捷。本章将详细介绍使用多边形建模的各种知识，包括可编辑多边形的转换、各层级的作用、软选择的使用以及可编辑多边形各层级的编辑等。

学习重点与难点

➢ 掌握将对象转换为可编辑多边形的方法
➢ 了解并熟悉软选择的使用方法
➢ 掌握顶点、边、边界以及多边形层级的各种编辑与设置方法
➢ 了解元素层级的编辑方法
➢ 熟悉编辑几何体的各种操作

7.1 多边形建模基础

在使用多边形建模时，首先需要将对象转换为可编辑多边形，然后对可编辑多边形中的层级进行编辑，从而创建出各种高质量的复杂模型。

7.1.1 将对象转换为可编辑多边形

任何对象都可以转换为可编辑多边形，转换方法主要有以下几种。

- 在视图中转换：直接在某个视图中的对象上单击鼠标右键，在弹出的快捷菜单中选择【转换为】/【转换为可编辑多边形】菜单命令，如图 7-1 所示。
- 在修改器堆栈中转换：选择对象后，在修改器堆栈列表框中该对象选项上单击鼠标右键，在弹出的快捷菜单中选择"可编辑多边形"菜单命令，如图 7-2 所示。
- 通过添加修改器转换：选择对象后，在"修改器列表"下拉列表框中选择"编辑多边形"命令，如图 7-3 所示，这种方式可以通过随时删除修改器来保留原对象。

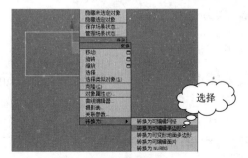

图 7-1 在视图中转换

图 7-2 在修改器堆栈中转换

图 7-3 修改器转换

7.1.2 认识可编辑多边形的各层级对象

可编辑多边形主要包括顶点、边、边界、多边形以及元素 5 种层级，对可编辑多边形的编辑，实际上就是对这些层级的编辑，各层级的作用分别如下。

- 顶点：顶点是构成多边形对象中其他子对象的结构，当移动或编辑顶点时，顶点形成的几何体也会受影响。在 3ds Max 2013 中，可编辑多边形的顶点由蓝色的点显示，选择后的顶点呈红色显示，如图 7-4 所示。

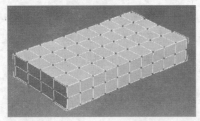

图 7-4　顶点的显示与选择状态

- 边：边是连接两个顶点的直线，它可以形成多边形的边。在 3ds Max 2013 中需按【F3】键切换到线框模式，或按【F4】键切换到边面模式才能显示可编辑多边形的边，如图 7-5 所示呈白色显示的就是边，选择后的边呈红色显示。

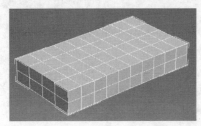

图 7-5　边的显示与选择状态

- 边界：边界可以理解为几何体中的孔洞边缘，例如，球体没有边界，茶壶有边界，如图 7-6 所示。

图 7-6　球体与茶壶的边界情况

- 多边形：多边形是通过曲面连接的三条或多条边的封闭序列，可以理解为面，如图 7-7 所示。
- 元素：元素是两个或两个以上可组合为一个更大对象的单个多边形对象，如果某个可编辑多边形是由一个长方体附加另一个圆柱体组成，则长方体和圆柱体就是该几何体的一个元素，如图 7-8 所示。

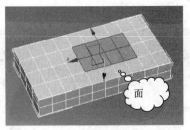

图 7-7 选择的多边形

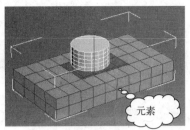

图 7-8 选择的元素

7.1.3 软选择的使用

软选择是指将选择的范围通过衰减强度的控制进行四周扩大，从而使对象的编辑呈现出更加平滑的效果。

下面以使用软选择功能创建窝窝头模型为例介绍软选择的使用方法。

 上机实战 7-1 创建窝窝头模型

素材文件：无	效果文件：效果\第 7 章\wowotou.max
视频文件：视频\第 7 章\7-1.swf	操作重点：转换可编辑多边形、软选择功能的设置与应用

1 新建场景文件，创建球体，在修改器堆栈中"Sphere"选项上单击鼠标右键，在弹出的快捷菜单中选择"可编辑多边形"菜单命令，如图 7-9 所示。

2 展开转换后的"可编辑多边形"选项，选择"顶点"选项，如图 7-10 所示。

3 在"软选择"卷展栏中选中"使用软选择"复选框，将衰减设置为"30.0mm"，如图 7-11 所示。

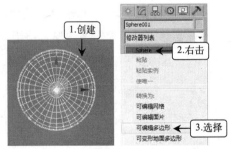

图 7-9 创建球体并转换为可编辑多边形

图 7-10 选择顶点层级

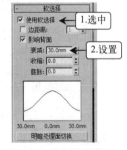

图 7-11 使用软选择

 在修改器堆栈中选择"可编辑多边形"选项后，可以按相应的快捷键快速进入对应的层级选项，其中【1】、【2】、【3】、【4】、【5】键分别对应顶点、边、边界、多边形以及元素层级。另外，也可以在命令面板中的"选择"卷展栏中单击相应的按钮进入相应的层级。各按钮从左至右依次对应顶点、边、边界、多边形以及元素层级。

4 在透视图中按【F4】键切换到边面模式，选择球体的顶点，沿 z 轴向下移动，如图 7-12 所示。

5 在对应的一端选择顶点，沿 z 轴向上移动，如图 7-13 所示。

图 7-12　移动顶点

图 7-13　移动顶点

6 在球体侧面随机拖动几个顶点，使其呈现不规则的凹凸面，如图 7-14 所示。

7 为该几何体添加涡轮平滑修改器，效果如图 7-15 所示。

图 7-14　移动顶点

图 7-15　模型的最终效果

7.2　使用可编辑多边形建模

在使用可编辑多边形创建各种精美复杂的模型前，需要熟悉对可编辑多边形各层级的编辑方法。

7.2.1　编辑顶点

3ds Max 2013 提供了大量的顶点层级编辑功能，包括移除、断开、挤出、焊接、切角、目标焊接、连接以及移除孤立顶点等。

1. 移除

移除顶点可以将选择的顶点删除，并将该顶点涉及的多边形（面）结合为一个整体。选择需移除的顶点，在"修改"选项卡命令面板的"编辑顶点"卷展栏中单击 移除 按钮或直接按【BackSpace】键即可，如图 7-16 所示。

> 在移除顶点时不能按【Delete】键，否则将删除顶点以及该顶点涉及的面，从而形成一个边界。

2. 断开

断开顶点可以使所选顶点相连的每个多边形上都创建一个新顶点，多边形的转角便可相互分开。选择顶点，在"修改"选项卡命令面板的"编辑顶点"卷展栏中单击 断开 按钮即可，如图 7-17 所示。

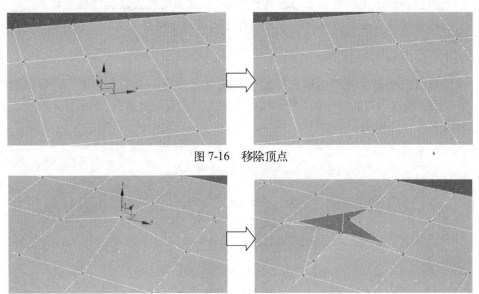

图 7-16　移除顶点

图 7-17　断开顶点

3．挤出

挤出顶点可以使选择的顶点沿法线方向移动，并创建出新的多边形形成挤出的面，挤出面的数量与所选顶点涉及的多边形数量相同。挤出顶点的方法有两种，分别为直接拖动顶点挤出和精确挤出。

● 直接拖动：选择顶点，单击"编辑顶点"卷展栏中的 挤出 按钮，拖动顶点即可，上下拖动可以挤出高度，左右拖动可以挤出宽度，如图 7-18 所示。

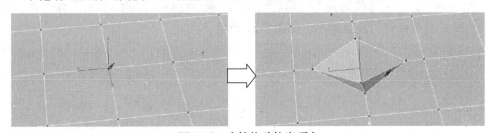

图 7-18　直接拖动挤出顶点

● 精确调整：选择顶点，单击"编辑顶点"卷展栏中的 挤出 按钮右侧的"设置"按钮□，在选择的顶点附近将出现交互式设置界面，其中各参数的作用如图 7-19 所示。

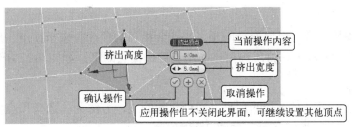

图 7-19　使用交互式设置界面精确挤出顶点

使用交互式设置界面时，可以直接在其中输入需要的数据，也可以在左侧的图标或微调按钮上拖动鼠标来动态调整数据。如果在图标或微调按钮上单击鼠标右键，可以快速将设置的数据归零。此操作方法适用于所有交互式设置界面。

4. 焊接

焊接顶点可以将设置范围内所选择的连续顶点合并为一个顶点。选择需焊接的相邻顶点，单击"编辑顶点"卷展栏中的 焊接 按钮右侧的"设置"按钮◻，利用显示的交互式设置界面进行设置即可，如图 7-20 所示。

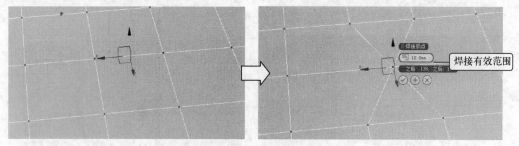

图 7-20　焊接顶点

焊接顶点的交互式设置界面下方会出现焊接前后的顶点数量对比数据，当焊接的顶点较多时，可利用该数据来更好地控制顶点距离，以避免将本来不焊接的顶点进行了焊接操作，或遗漏了需要焊接的顶点。

5. 切角

切角顶点可以使所选顶点相连的边上产生一个新顶点，原顶点被一个新面替换。选择需进行切角的顶点，单击"编辑顶点"卷展栏中的 切角 按钮右侧的"设置"按钮◻，利用显示的交互式设置界面进行设置即可，如图 7-21 所示。

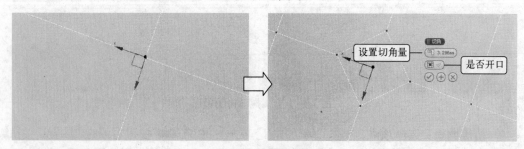

图 7-21　切角顶点

6. 目标焊接

目标焊接顶点可以将选择的顶点焊接到相邻的顶点。选择顶点，单击"编辑顶点"卷展栏中的 目标焊接 按钮，将所选顶点拖动到目标顶点即可，如图 7-22 所示。

7. 连接

连接顶点可以在选择的顶点之间创建新的边，方法为：选择顶点，单击"编辑顶点"卷展栏中的 连接 按钮即可，如图 7-23 所示。

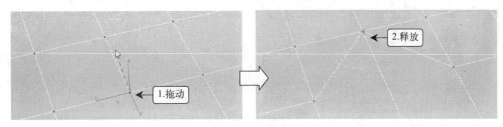

图 7-22　目标焊接顶点

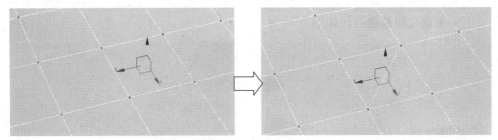

图 7-23　连接顶点

 如果想通过连接顶点来增加新的边，需要保证顶点位于同一多边形上。另外，可以同时选择多个顶点实现一次性增加多条边的效果，而无须选择两个顶点来逐条增加。

8. 移除孤立顶点

移除孤立顶点可以将几何体中所有不属于任意多边形的顶点删除，使用时直接单击"编辑顶点"卷展栏中的 移除孤立顶点 按钮即可，如图 7-24 所示。

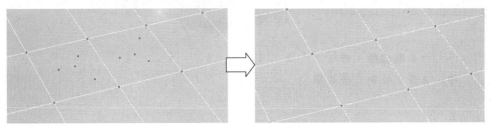

图 7-24　移除孤立顶点

7.2.2　编辑边

边层级的编辑是可编辑多边形建模的重点，也是模型外观形状确定的重要因素之一，下面详细介绍边层级的各种编辑方法。

1. 选择边

为了更快捷更方便地选择需要的边进行编辑，3ds Max 2013 提供了许多有效的选择边的方法，包括扩大、收缩、环形以及循环等选择。

● 扩大与收缩：选择某条边后，在"修改"选项卡命令面板的"选择"卷展栏中单击 扩大 按钮，可以快速选择与所选边共用顶点的其他边，如图 7-25 所示，再次单击按钮可以继续在当前所选边的基础上再次选择与这些边共用顶点的其他边，以此类推。而单击 收缩 按钮的效果则与之相反。

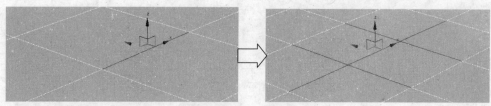

图 7-25　扩大选择边

- 环形：选择边后单击"选择"卷展栏中的 环形 按钮，可以快速扩展选择所有平行于当前所选边的其他边，如图 7-26 所示。

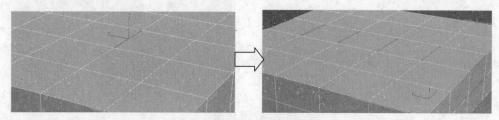

图 7-26　环形选择边

- 循环：选择边后单击"选择"卷展栏中的 循环 按钮，可以快速扩展选择所有与当前所选边在同一方向对齐的其他边，如图 7-27 所示。

图 7-27　循环选择边

 扩大与收缩选择同样适用于顶点、边界、多边形以及元素层级，但环形与循环选择仅适用于边和边界层级。

2. 插入顶点

插入顶点可在选择的边上增加顶点。选择边，在"修改"选项卡命令面板的"编辑边"卷展栏中单击 插入顶点 按钮，然后在需添加顶点的位置单击鼠标即可，如图 7-28 所示。

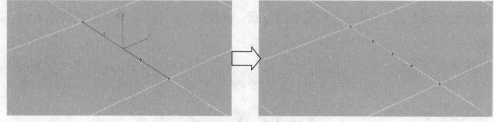

图 7-28　插入多个顶点

3. 移除

移除边可以将选择的边删除。选择需移除的边，在"编辑边"卷展栏中单击 移除 按钮或直接按【BackSpace】键即可。需要注意的是，移除边后边上原有的顶点会保留下来，如图 7-29 所示。

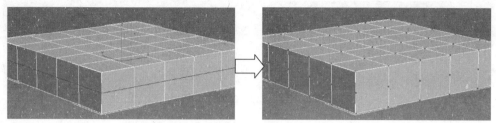

图 7-29　移除边

 如果要在移除边的同时将顶点同时移除，可以在按住【Ctrl】键的同时单击 移除 按钮或按【Ctrl+BackSpace】组合键。

4. 分割

分割边可以沿所选边对几何体网格进行分割。选择边，在"编辑边"卷展栏中单击 分割 按钮即可，如图 7-30 所示。

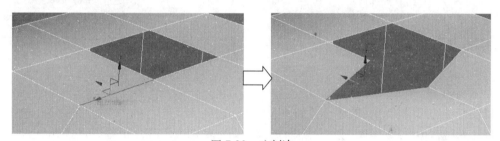

图 7-30　分割边

5. 挤出

挤出边与挤出顶点相似，所选边将会沿着法线方向移动，然后创建形成挤出面的新多边形，并与该边相连，如图 7-31 所示。选择边，在"编辑边"卷展栏中单击 挤出 按钮，直接拖动边挤出，也可以单击 挤出 按钮右侧的"设置"按钮▣，利用交互式设置界面挤出。

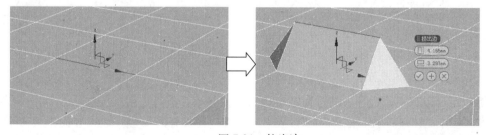

图 7-31　挤出边

6. 焊接

焊接边可以将仅依附于一个多边形上的边合并起来，即焊接边界上的边。选择需焊接的边后，单击"编辑顶点"卷展栏中的 焊接 按钮右侧的"设置"按钮▣，在打开的交互式设置界面中设置焊接范围后，确认设置即可，如图 7-32 所示。

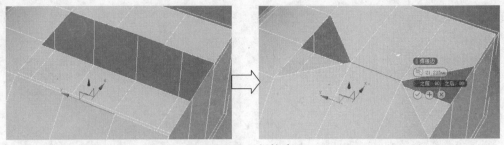

图 7-32　焊接边

7. 切角

切角边可以将选择的边拆分为多条边，并产生多个相连的多边形，此功能经常用于处理几何体边角处的平滑度。选择边，单击"编辑顶点"卷展栏中的 切角 按钮右侧的"设置"按钮▣，设置切角量和分段量等参数即可，如图 7-33 所示。

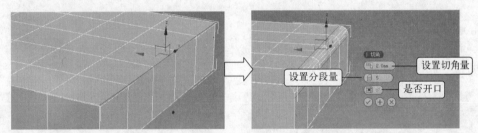

图 7-33　切角边

8. 目标焊接

目标焊接边可以将选择的边合并到一起，这些边也只能是边界上的边。选择边，单击"编辑顶点"卷展栏中的 目标焊接 按钮，将所选边拖动到目标边即可，如图 7-34 所示。

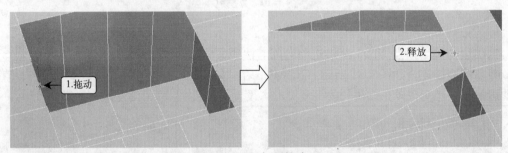

图 7-34　目标焊接边

9. 桥

桥功能可以将所选边界上的边通过多边形连接起来。选择需桥接的边后，单击"编辑顶点"卷展栏中的 桥 按钮右侧的"设置"按钮▣，在打开的交互式设置界面中设置后确认即可，如图 7-35 所示。

10. 连接

连接边可以在所选边之间创建新的边，并可设置新边的数量和位置。选择边，单击"编辑顶点"卷展栏中的 连接 按钮右侧的"设置"按钮▣，在打开的交互式设置界面中设置后确认即可，如图 7-36 所示。

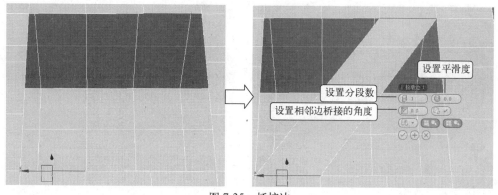

图 7-35 桥接边

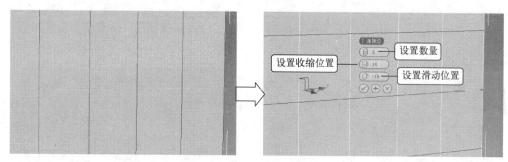

图 7-36 连接边

7.2.3 编辑边界

边界层级的编辑涉及挤出、插入顶点、切角、封口、桥以及连接等操作，下面对边界层级的各种编辑方法进行介绍。

1. 挤出

挤出边界可以使所选边界沿法线方向移动，并沿挤出面生成新的多边形，从而使边界与对象相连，挤出的多边形数量与边界的边数相同。选择边界，在"修改"选项卡命令面板的"编辑边界"卷展栏中单击 挤出 按钮，然后直接拖动边界挤出，或单击 挤出 按钮右侧的"设置"按钮□，在打开的交互式设置界面中设置数据精确挤出，如图 7-37 所示。

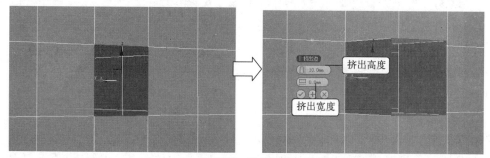

图 7-37 挤出边界

2. 插入顶点

在边界上插入顶点可以对边界进行细分，用于创建需要的模型形状。选择边界，在"编辑边界"卷展栏中单击 插入顶点 按钮，然后在边界上需要添加顶点的位置单击鼠标即可，如图 7-38 所示。

图 7-38　在边界上插入顶点

3. 切角

切角边界可将边界的转角顶点拆分为两个顶点，从而控制边界的形状和平滑度。选择边界，单击"编辑边界"卷展栏中的 ▉切角▉ 按钮右侧的"设置"按钮▣，设置切角量和分段量等参数即可，如图 7-39 所示。

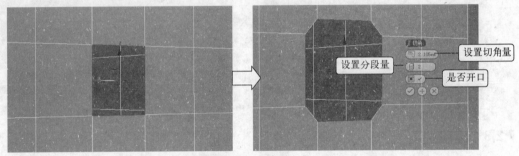

图 7-39　切角边界

4. 封口

封口边界可以使用一个多边形将整个边界封闭，形成可编辑的多边形层级对象，方法为：选择边界，单击"编辑边界"卷展栏中的 ▉封口▉ 按钮即可，如图 7-40 所示。

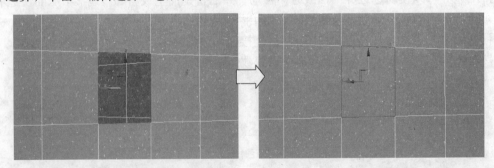

图 7-40　封口边界

5. 桥

桥接边界可以使用与所选边界边数相同数量的多边形连接两个边界，从而使所选的两个边界封闭起来。选择需桥接的两个边界，单击"编辑边界"卷展栏中的 ▉桥▉ 按钮右侧的"设置"按钮▣，在打开的交互式设置界面中设置分段数、锥化程度、偏移程度、平滑程度以及扭曲程度等参数即可，如图 7-41 所示。

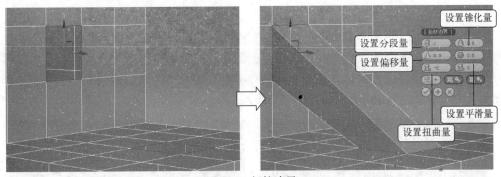

图 7-41　桥接边界

6. 连接

连接边界可以使所选边界之间增加适当的边数，方法为：选择边界，单击"编辑边界"卷展栏中的 [连接] 按钮右侧的"设置"按钮▣，设置连接边数和位置即可，如图 7-42 所示。

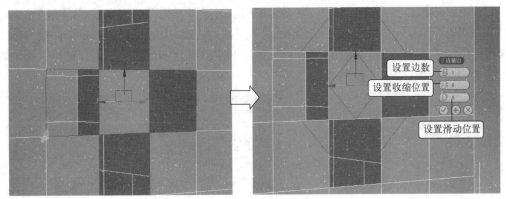

图 7-42　连接边界

7.2.4　编辑多边形

多边形层级的编辑是建模时编辑最频繁的层级对象，它可以快速且方便地塑造出模型的形状，下面对该层级的各种常用编辑方法进行详细讲解。

1. 插入顶点

插入顶点可以实现在所选的多边形上添加若干顶点，从而进一步细分多边形。选择多边形，在"修改"选项卡命令面板的"编辑多边形"卷展栏中单击 [插入顶点] 按钮，然后在需添加顶点的位置单击鼠标即可，如图 7-43 所示。

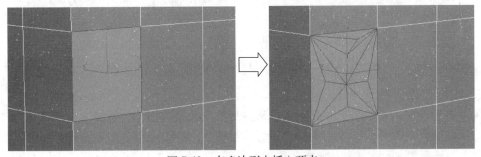

图 7-43　在多边形上插入顶点

2. 挤出

挤出多边形可以使所选多边形沿法线方向移动，并沿挤出面生成新的多边形，挤出的多边形数量与所选多边形的边数相同。选择多边形，在"编辑多边形"卷展栏中单击 挤出 按钮，然后直接拖动多边形挤出，或单击 挤出 按钮右侧的"设置"按钮 ，在打开的交互式设置界面中设置数据精确挤出，如图 7-44 所示。

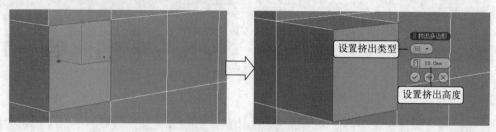

图 7-44　挤出多边形

与顶点、边和边界的挤出不同，在多边形挤出时需涉及按组挤出、按局部法线挤出和按多边形挤出等不同类型，按组挤出将沿着每一个连续多边形组的平均法线挤出；按局部法线挤出将沿所选的每个多边形的法线挤出；按多边形挤出将分别对多边形进行挤出，具体效果如图 7-45 所示。

图 7-45　不同类型的挤出效果

3. 轮廓

为多边形设置轮廓可以调整所选多边形的外边。选择多边形，单击"编辑多边形"卷展栏中 轮廓 按钮右侧的"设置"按钮 ，在打开的交互式设置界面中设置轮廓大小即可，如图 7-46 所示。

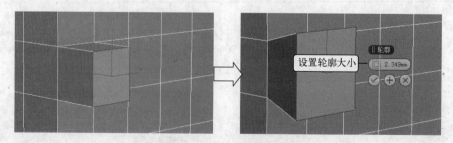

图 7-46　设置多边形轮廓

4. 倒角

为多边形设置倒角相当于同时对多边形进行挤出和轮廓操作。选择多边形，单击"编辑多边形"卷展栏中 倒角 按钮右侧的"设置"按钮 ，在打开的交互式设置界面中设置倒角类型（与挤出类型相同）、挤出高度和轮廓大小即可，如图 7-47 所示。

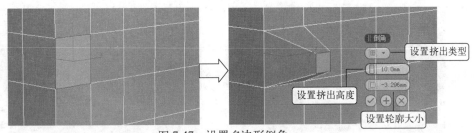

图 7-47　设置多边形倒角

5. 插入

插入多边形可以在选择的多边形中插入相同边数但面积更小的新多边形，可以视为无高度的倒角操作。选择多边形，单击"编辑多边形"卷展栏中 插入 按钮右侧的"设置"按钮□，在打开的交互式设置界面中设置插入类型（与挤出类型相同）和数量即可，如图 7-48 所示。

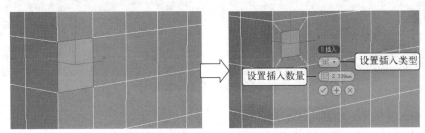

图 7-48　插入多边形

6. 桥

桥接多边形与桥接边界相似，可以使用与所选多边形边数相同数量的新多边形连接所选的对象。选择需桥接的多边形，单击"编辑多边形"卷展栏中的 桥 按钮右侧的"设置"按钮□，在打开的交互式设置界面中设置即可，如图 7-49 所示。

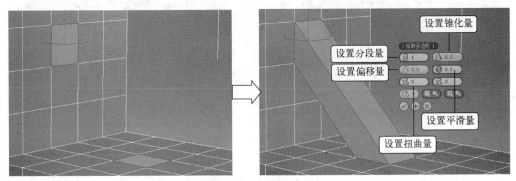

图 7-49　桥接多边形

7. 翻转

翻转多边形可以使所选多边形沿法线方向翻转。选择多边形，单击"编辑多边形"卷展栏中的 翻转 按钮即可，如图 7-50 所示。

8. 从边旋转

从边旋转多边形可以使多边形沿任意边进行旋转。选择多边形，单击"编辑多边形"卷展栏中的 从边旋转 按钮右侧的"设置"按钮□，在打开的交互式设置界面中设置旋转角度，分段数并旋转参照边即可，如图 7-51 所示。

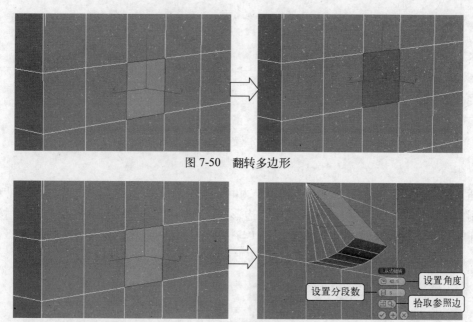

图 7-50　翻转多边形

设置角度
设置分段数
拾取参照边

图 7-51　按边旋转多边形

9. 沿样条线挤出

沿样条线挤出可以使选择的多边形根据选择的样条线形状挤出相应的造型。选择多边形，单击"编辑多边形"卷展栏中的 沿样条线挤出 按钮，然后拾取参考的样条线即可，如图 7-52 所示。

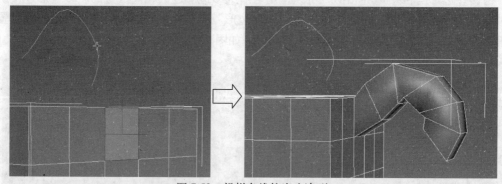

图 7-52　沿样条线挤出多边形

单击"编辑多边形"卷展栏中 沿样条线挤出 按钮右侧的"设置"按钮□，可以在打开的交互式设置界面中对挤出的多边形进行更为多变的造型设计，如锥化、平滑、扭曲以及沿样条线对齐等设置。

7.2.5　编辑元素

元素的编辑可以视为多个多边形的编辑，其常用操作包括插入顶点、翻转等，方法与编辑多边形中相应操作的方法相同，这里不再重复介绍。需要注意的是，元素的编辑适用于几何体中包含多个附加元素时使用，如果只有一个元素，则一般很少在该层级中对多边形进行设置。

7.2.6　编辑几何体

在命令面板中无论进入到哪个层级编辑状态时，都会出现"编辑几何体"卷展栏，其中也有一些经常使用到的功能，下面分别介绍。

- 重复上一个：单击 重复上一个 按钮可以重复执行最近一次使用过的命令，如图 7-53 所示即为对多边形倒角后，选择另一个多边形并使用该功能后的效果。

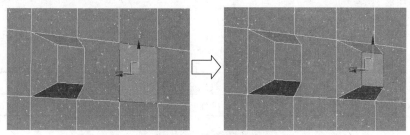

图 7-53　重复上一个

- 约束：在该栏中可以对变化的对象进行约束，其中"无"表示没有约束；"边"表示在边界上约束对象；"面"表示在单个曲面上约束对象；"法线"表示在法线或平均法线方向上约束对象。如图 7-54 所示为在无约束和在边约束的情况下调整顶点的对比效果。

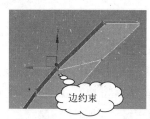

图 7-54　无约束和边约束时顶点的移动效果

- 创建：该按钮可创建对应层级的对象，其中顶点层级可在视图中单击创建孤立的点，边和边界层级可在视图中同一多边形不相邻的顶点上创建边；多边形和元素层级可在视图中单击鼠标创建任意形状的多边形。
- 塌陷：该按钮可在顶点、边、边界以及多边形层级使用，可以将对应层级的对象塌陷为一个对象。如图 7-55 所示为将多个顶点塌陷为一个顶点的效果。

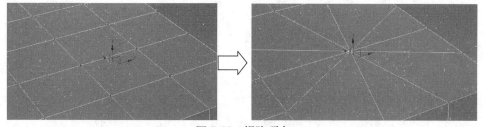

图 7-55　塌陷顶点

- 附加：该按钮可以将场景中的其他对象附加到选择的多边形对象上，此按钮在可编辑多边形的各个层级都可以使用。
- 分离：该按钮可以将多边形中的边、多边形等子对象从几何体中分离出来，分离时可在打开的对话框中选择分离的元素或以克隆对象分离,前者可以将所选对象从元素中脱离但属于几何体,后者将以复制的方法分离,分离出的对象是独立的几何体。

7.3 课堂实训——制作茶几与水龙头模型

7.3.1 制作茶几模型

下面制作一个现代茶几模型,通过该模型的创建,重点练习多边形层级的插入、挤出以及边层级的连接等操作,制作后的效果如图 7-56 所示。

素材文件:无	效果文件:效果\第 7 章\chaji.max
视频文件:视频\第 7 章\7-2.swf	操作重点:多边形的插入、挤出,边的连接

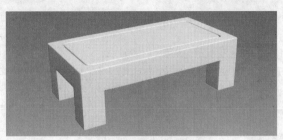

图 7-56 茶几模型效果图

操作步骤

1 新建场景文件,在顶视图创建一个长、宽、高分别为"40.0mm"、"80.0mm"和"10.0mm"的长方体,将长度分段、宽度分段和高度分段分别设置为"4"、"8"和"1",在透视图中按【F4】键进入边面显示模式,如图 7-57 所示。

2 在修改器堆栈中将创建的长方体转换为可编辑多边形,并进入多边形层级,如图 7-58 所示。

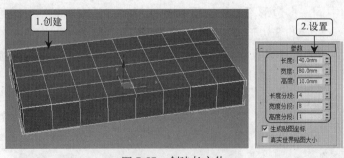

图 7-57 创建长方体

图 7-58 进入多边形层级

3 选择上面一侧所有的多边形子对象,如图 7-59 所示。

4 将选择的多边形按组插入 "5.0mm" 的多边形,如图 7-60 所示。

在需要选择多个子对象时,可以结合其他视图进行选择,比如选择上述多边形时,可以在前视图中进行框选,然后利用【Alt】键减选不需要的多边形即可快速完成选择。

图 7-59　选择多边形子对象

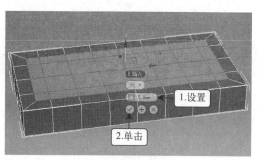

图 7-60　插入多边形

5　将插入的多边形按组挤出 "-1.0mm"，如图 7-61 所示。

6　再次在选择的多边形上按组插入 "0.5mm" 的多边形，如图 7-62 所示。

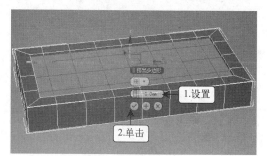

图 7-61　挤出多边形

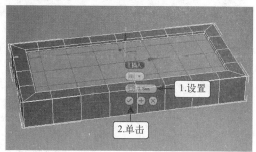

图 7-62　插入多边形

7　将插入的多边形挤出 "1.0mm"，通过以上步骤创建面的凹槽效果，如图 7-63 所示。

8　选择下层四角的多边形子对象，并按组挤出 "12.0mm"，如图 7-64 所示。

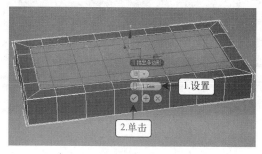

图 7-63　挤出多边形

图 7-64　挤出多边形

9　在修改器堆栈中选择 "边" 选项，进入边层级修改状态，如图 7-65 所示。

10　结合循环选择功能选择整个几何体边角上的所有边（需利用【Ctrl】键加选），如图 7-66 所示。

11　将所选边进行切角，切角量为 "0.5mm"，分段数为 "2"，不开口，如图 7-67 所示。

12　为几何体增加涡轮平滑修改器，迭代次数设置为 "2"，如图 7-68 所示。

13　取消边面显示模式，查看效果，发现桌角与桌面连接处过于平滑，显得过度软化，如图 7-69 所示。

图 7-65 选择层级

图 7-66 选择边

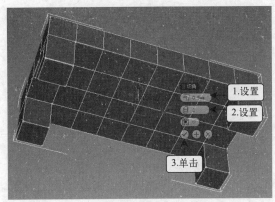

图 7-67 切角选择的边

图 7-68 涡轮平滑

14 利用环形选择功能选择 4 个桌角上 z 轴方向的边，如图 7-70 所示。

图 7-69 查看效果

图 7-70 选择边

15 连接所选的边，数量为"1"，滑动数量为"-90"，如图 7-71 所示。

16 完成设置，重新查看几何体，此时效果如图 7-72 所示。

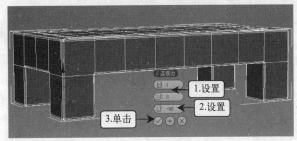

图 7-71 连接边

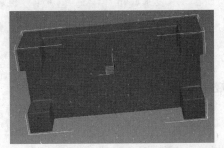

图 7-72 模型的最终效果

7.3.2 制作水龙头模型

下面将制作水龙头模型，其中将涉及更为综合的可编辑多边形建模方法，如边界的缩放、复制，顶点的调整、边的设置以及多边形的设置等操作，制作出的模型最终效果如图 7-73 所示。

素材文件：无	效果文件：效果\第 7 章\shuilongtou.max
视频文件：视频\第 7 章\7-3.swf	操作重点：顶点、边、边界和多边形层级的编辑

图 7-73　水龙头模型效果图

操作步骤

1　新建场景文件，在顶视图创建一个半径和高度分别为"20.0mm"和"180.0mm"的圆柱体，将高度分段和边数分别设置为"15"和"10"，如图 7-74 所示。

2　在修改器堆栈中将创建的圆柱体转换为可编辑多边形，然后进入多边形层级，如图 7-75 所示。

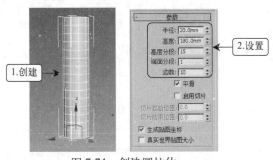

图 7-74　创建圆柱体

图 7-75　转换为可编辑多边形

3　选择顶部的多边形，执行插入操作，插入数量为"2.0mm"，如图 7-76 所示。

4　将插入后得到的多边形执行挤出操作，挤出高度为"20.0mm"，如图 7-77 所示。

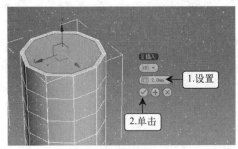

图 7-76　插入多边形

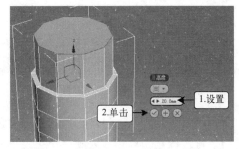

图 7-77　挤出多边形

5 按【Delete】键删除选择的多边形，再切换到边界层级，选择删除多边形后得到的边界，如图 7-78 所示。

6 切换到缩放工具，按住【Shift】键的同时拖动边界，将其在 x 轴和 y 轴方向适当放大到稍大于圆柱体的大小，如图 7-79 所示。

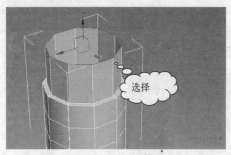

图 7-78 选择边界

图 7-79 复制并缩放边界

7 切换到移动工具，按住【Shift】键的同时在 z 轴方向向下拖动边界，复制形成新的多边形，如图 7-80 所示。

8 按相同方法复制并放大边界对象，如图 7-81 所示。

图 7-80 复制并移动边界

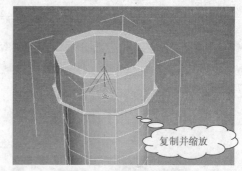

图 7-81 复制并缩放边界

9 向上复制并移动边界，如图 7-82 所示。

10 为选择的边界封口，如图 7-83 所示。

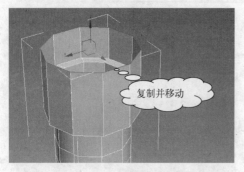

图 7-82 复制并移动边界

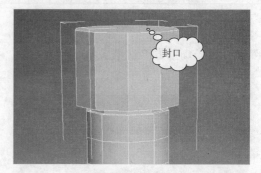

图 7-83 封口边界

11 进入边层级，通过环形功能选择如图 7-84 所示的边。

12 执行连接边操作，数量为"2"，收缩距离为"13mm"，如图 7-85 所示。

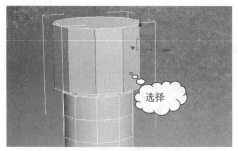

图 7-84 选择边

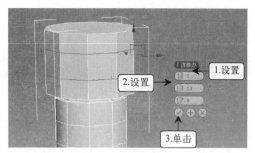

图 7-85 连接边

13 进入多边形级,选择中间的一个多边形对象,执行插入多边形操作,数量为"3.0mm",如图 7-86 所示。

14 进入顶点层级,利用移动工具调整插入多边形的 4 个顶点,使其呈正方形显示,如图 7-87 所示。

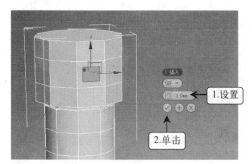

图 7-86 插入多边形

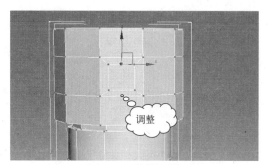

图 7-87 调整顶点

15 进入多边形层级,对选择的多边形执行挤出操作,数量为"90.0mm",至此完成阀门造型的初步创建,如图 7-88 所示。

16 选择如图 7-89 所示的 4 个相邻的多边形,将其挤出"20.0mm",此时单击"应用"按钮⊕,不关闭交互式设置界面,如图 7-89 所示。

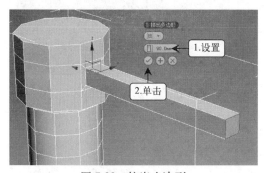

图 7-88 挤出多边形

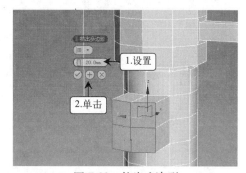

图 7-89 挤出多边形

17 单击 6 次"应用"按钮⊕,然后确定设置,挤出多个多边形对象,如图 7-90 所示。

18 进入到顶点层级,在顶视图中将挤出多边形对应的中间的顶点适当调整,使相连的边呈直线显示,如图 7-91 所示。

图 7-90　挤出多边形

图 7-91　调整顶点

19 切换到前视图，继续调整顶点位置，使几何体呈一定程度的弯曲，如图 7-92 所示。

20 进入多边形层级，选择如图 7-93 所示的多边形，执行插入操作，数量为 "3.0mm"，如图 7-93 所示。

图 7-92　调整顶点

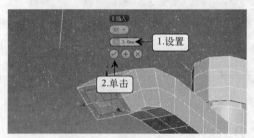

图 7-93　插入多边形

21 挤出选择的多边形，数量为 "-20.0mm"，如图 7-94 所示。

22 在前视图中调整顶点的位置，如图 7-95 所示。

图 7-94　挤出多边形

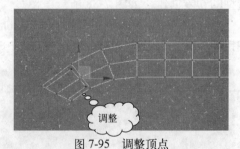

图 7-95　调整顶点

23 进入边层级，选择几何体中如图 7-96 所示的边角处的所有边。

图 7-96　选择边

24 执行切角操作，数量为 "0.3mm"，分段为 "1"，如图 7-97 所示。

25 为几何体添加涡轮平滑修改器，将迭代次数设置为 "2"，如图 7-98 所示。

26 完成模型的创建，效果如图 7-99 所示。

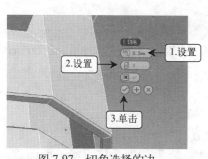

图 7-97 切角选择的边

图 7-98 涡轮平滑

图 7-99 模型的最终效果

7.4 疑难解答

1. 问：在修改器堆栈的某个对象选项上单击鼠标右键，在弹出的快捷菜单中出现了"可编辑网格"命令，它与可编辑多边形有什么区别呢？

答：可编辑网格也是一种建模方式，但与可编辑多边形建模相比，它的几何体构成基本面是三角面，而多边形则可以是任意多边形面，这样在建模时显然更为灵活。另外，可编辑网格没有边界层级，它的优势在于占用的内存很少，对计算机的硬件要求不高，适合于对简单的物体进行建模。

2. 问：为什么无法焊接选择的顶点呢？

答：出现这种情况时，首先要肯定需焊接的顶点位于同一边上，其次再考虑焊接阈值的设置大小是否小于需焊接顶点的距离，基本上解决这两个问题后，顶点都能焊接成功。

3. 问：当不能利用循环选择功能选择几何体的一圈边时，有什么技巧可以解决这个问题呢？

答：3ds Max 2013 提供了一种非常适用的切换选择功能，可以从当前选择的对象层级转换为所选的层级对象，假设选择如图 7-100 所示的多边形对象，然后按住【Ctrl】键不放的同时单击命令面板中"选择"卷展栏下的 按钮，则可将当前所选对象的选择级别切换为边，如图 7-101 所示，如果单击 按钮，又可切换为顶点，如图 7-102 所示。

图 7-100 选择面

图 7-101 选择对应的边

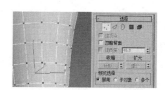

图 7-102 选择对应的顶点

7.5 课后练习

1. 制作如图 7-103 所示的门铃模型（效果文件：效果\第 7 章\课后练习\menling. max）。

提示：

（1）使用长方体创建可编辑多边形。

（2）通过面的插入、挤出等操作制作模型基本外观。

（3）添加涡轮平滑并通过边层级处理过度软化的位置。

2.制作如图 7-104 所示的水龙头模型（效果文件：效果\第7章\课后练习 shuilongtou.max）。

提示：

（1）使用长方体创建可编辑多边形。

（2）通过面的插入、挤出和顶点的调整创建模型基本形状。

（3）添加涡轮平滑并通过边层级处理过度软化的位置。

3．制作如图 7-105 所示的茶壶模型（效果文件：效果\第7章\课后练习\chahu.max）。

提示：

（1）通过对线的车削制作壶身和壶盖。

（2）壶嘴利用面的挤出塑形、壶把利用面沿样条线挤出塑形。

图 7-103　门铃模型

7-104　水龙头模型

图 7-105　茶壶模型

第 8 章　材质与贴图

内容提要

3ds Max 中的材质指的是模型自身具备的物理属性，如陶瓷材质在后期渲染场景时，反映出来的就是现实中类似陶瓷的质感，玻璃材质反映出来的就是玻璃的质感，而贴图则主要是指模型反映出来的纹理效果，如木地板上的木纹、墙纸上的花纹，这些对象在 3ds Max 中都是通过贴图来实现的。本章将详细介绍为模型添加各种材质与贴图的方法，使模型更接近于现实中的物体。

学习重点与难点

➢ 掌握材质编辑器的使用和设置方法
➢ 熟悉并掌握标准材质和多维/子对象材质的使用方法
➢ 了解各种常用材质的应用方法
➢ 熟悉常用贴图的应用方法
➢ 掌握 UVW 贴图坐标修改器的设置操作

8.1　材质编辑器的使用

材质编辑器是为模型应用材质和贴图的工具，3ds Max 2013 提供了两种材质编辑器，分别是精简材质编辑器和 Slate 材质编辑器，本书介绍的是精简材质编辑器的使用和设置方法。

8.1.1　认识材质编辑器的界面

在 3ds Max 2013 的操作界面中选择【渲染】/【材质编辑器】/【精简材质编辑器】菜单命令，或在工具栏上单击"精简材质编辑器"按钮，或直接按【M】键，均可打开如图 8-1 所示的材质编辑器窗口，其主要由标题栏、菜单栏、材质球示例窗、工具按钮以及参数卷展栏等几部分组成。

如果 3ds Max 2013 操作界面的工具栏上显示的是"Slate 材质编辑器"按钮，则需要在该按钮上按住鼠标指针不放，并在弹出的下拉菜单中切换到"精简材质编辑器"按钮。

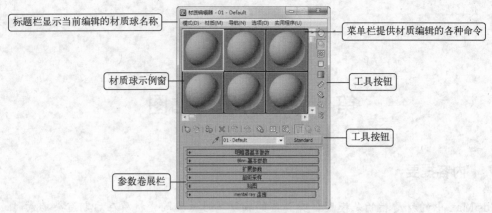

图 8-1　材质编辑器窗口

1. 材质球示例窗

材质球示例窗用于创建和管理各种材质，其常用操作有如下几种。

● 查看材质球参数：在示例窗中选择某个材质球，可以在下方的参数卷展栏中查看该材质的各种参数属性。选择新的材质球，则可以为其添加新的材质。

● 设置材质球显示数量：在示例窗上单击鼠标右键，在弹出的快捷菜单中可以设置示例窗中显示的材质球数量，如图 8-2 所示。

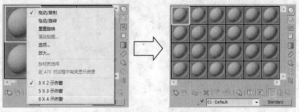

图 8-2　设置材质球显示数量

● 为模型添加材质：为某个材质球设置好材质后，可以直接将该材质球拖动到场景中的模型上，便能为该模型赋予对应的材质，如图 8-3 所示。

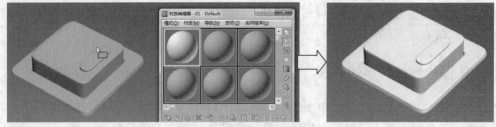

图 8-3　拖动材质球赋予材质

通过观察示例窗中各材质球四角的标记情况，可以快速判断该材质的应用情况。如果选择材质球后，四角没有出现标记，如图 8-4 所示，表示该材质球未赋予场景中的任何物体；如果四角出现空心的三角形，如图 8-5 所示，表示该材质已经应用到场景中了；如果出现的是实心的三角形，如图 8-6 所示，则表示材质不仅已经应用到场景中，且选择的物体正是应用了该材质的模型。

图 8-4 该材质未赋予物体　　　图 8-5 该材质赋予了物体　　　图 8-6 所选物体应用了该材质

2. 工具按钮

在材质球示例窗下方和右侧有一系列工具按钮，掌握它们的作用可以更好地利用材质编辑器设置材质和贴图，各按钮作用分别如下。

● "获取材质"按钮：打开"材质/贴图浏览器"对话框，从中可以选择某种材质或贴图类型，并应用到所选材质球上，如图 8-7 所示。

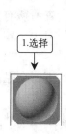

图 8-7 为材质球获取某个材质

在获取材质后，还可以进一步利用各种参数卷展栏对材质属性进行编辑，这样可以在所选材质的基础上更快地得到需要的材质质感。

● "将材质放入场景"按钮：可以替换场景中与其名称相同的材质。
● "将材质指定给选定对象"按钮：可以将所选材质赋予场景中选择的模型上。
● "重置材质/贴图为默认设置"按钮：可以将所选材质恢复为系统默认设置状态。如果重置的材质或贴图应用到了场景中的某些模型，则单击该按钮后会打开如图 8-8 所示的提示对话框，选中上方的单选项将影响模型和示例窗中的材质，选中下方的单选项只影响示例窗中的材质。
● "生成材质副本"按钮：将所选的材质复制到另一空白材质球上。
● "使唯一"按钮：将贴图实例设置为唯一的副本，常用于多维/子对象材质中的某个子材质对象。
● "放入库"按钮：将所选材质进行存储，并可以在打开的"放置到库"对话框中设置材质名称，如图 8-9 所示，需要时可以直接载入使用。

图 8-8 重置材质/贴图时的提示对话框

单击"获取材质"按钮后，可在"材质/贴图浏览器"对话框的"临时库"中看到存放到库中的材质，如图 8-10 所示。双击即可应用到所选的材质球上。

● "材质 ID 通道"按钮：为特殊材质分配 ID 编号，以便应用到场景中，如光晕、光环、镜头光晕等材质效果。

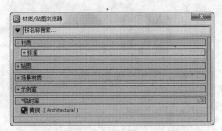

图 8-9　存放材质　　　　　　　　图 8-10　存放到库中的材质

- "视口中显示明暗处理材质"按钮：可以使模型中出现的材质效果在明暗处理贴图和真实贴图之间切换。换句话说，利用该按钮可以使模型上显示添加的贴图效果。
- "显示最终结果"按钮：可以查看所处级别的材质，但不会查看所有其他贴图和设置的最终结果。
- "转到父对象"按钮：返回到上一级材质编辑界面。
- "转到下一个同级项"按钮：移动到当前材质中相同层级的下一个贴图或材质编辑状态。
- "采样类型"按钮：位于示例窗右上方，可以选择与场景中模型形状相似的对象，以便更好地观察材质赋予后的效果。
- "背光"按钮：添加背光效果，可以使材质球显示出立体效果，如图 8-11 所示。

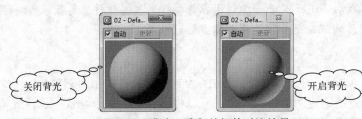

图 8-11　背光开启与关闭的对比效果

- "背景"按钮：取消材质球示例窗的背景效果，可以更好地观察具有透明属性的材质，如图 8-12 所示。

图 8-12　取消示例窗背景的半透明材质球

- "采样 UV 平铺"按钮：可以在材质球示例窗中调整贴图阵列效果，以便更好地观察贴图效果，但不会对实际贴图产生影响。
- "视频颜色检查"按钮：检查材质色彩是否超过了视频限制。
- "生成预览"按钮：生成动画材质的预览效果。
- "选项"按钮：打开"材质编辑器选项"对话框，如图 8-13 所示，可以对材质球示例窗进行各种设置，如手动更新、抗锯齿、材质球显示数量等。

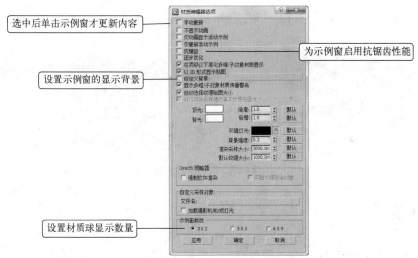

图 8-13 "材质编辑器选项"对话框

- "按材质选择"按钮 ：打开"选择对象"对话框，可以快速选择其中赋予了材质的某些模型，如图 8-14 所示。
- "材质/贴图导航器"按钮 ：打开"材质/贴图导航器"对话框，如图 8-15 所示。在其中选择某个层级的材质后，可以在材质编辑器中对该材质进行设置。

图 8-14 "选择对象"对话框

图 8-15 "材质/贴图导航器"对话框

- "从对象吸取材质"按钮 ：选择某个场景中的模型后，可以将该模型上赋予的材质吸取到选择的材质球上，如图 8-16 所示。

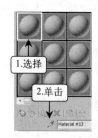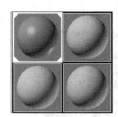

图 8-16 吸取模型上的材质

- "材质名称"下拉列表框 ：用于显示材质球中包含的材质元素和名称。
- "材质类型"按钮 Standard ：打开"材质/贴图浏览器"对话框，可以选择 3ds Max 2013 提供的各种材质类型。

3. 参数卷展栏

参数卷展栏用于对材质的各方面属性进行设置，使材质得到需要的质感。不同类型的材质，其具有的参数属性不完全相同，如图 8-17 所示即为标准材质与多维/子对象材质的参数卷展栏。

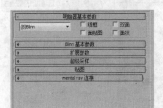

图 8-17　不同类型材质的参数卷展栏

8.2　标准材质

标准材质是 3ds Max 2013 默认的材质类型，它模拟了物体表面的反射属性，为模型赋予了非常直观的反射效果。按照明暗器的不同，标准材质包含了 Blinn、各向异性等 8 种子材质类型。

8.2.1　Blinn

Blinn 明暗器是标准材质的默认明暗器类型，它通过光滑的方式来渲染模型的表面，下面介绍该材质的参数设置方法。

1. 明暗器基本参数

该卷展栏主要用于选择明暗器以及设置着色方式，如图 8-19 所示。

- "明暗器"下拉列表框：在该下拉列表框中可选择 3ds Max 2013 提供的 8 种明暗器。
- "线框"复选框：以线框方式为模型着色，显示物体结构。
- "双面"复选框：为模型两面均进行着色。

图 8-18　明暗器基本参数卷展栏

- "面贴图"复选框：以模型的面为单位进行贴图，如图 8-19 所示。
- "面状"复选框：忽略模型面与面之间的平滑性，形成具有块状的着色效果，如图 8-20 所示。

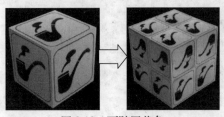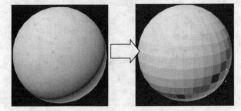

图 8-19　面贴图着色　　　　　　　　　　图 8-20　面状着色

2. Blinn 基本参数

该卷展栏主要设置影响材质的各种颜色、自发光、透明度以及反射高光等参数，如图 8-21 所示。

- "环境光"颜色条：设置材质中位于阴影中的颜色，即模型的阴影色，单击颜色条可在打开的对话框中选择颜色。

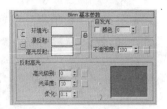

图 8-21　Blinn 基本参数卷展栏

- "漫反射"颜色条：设置材质中位于直射光中的颜色，是模型显示的主要颜色，如图 8-22 所示即漫反射颜色分别为浅黄色和深蓝色的效果。
- "高光反射"颜色条：设置材质中高亮显示的颜色，如图 8-23 所示即高光反射颜色分别为白色和红色的效果。

图 8-22　不同的漫反射颜色

图 8-23　不同的高光反射颜色

如果环境光和漫反射左侧的"锁定"按钮 处于按下状态，可以控制环境光和漫反射拥有相同的颜色。"贴图"按钮 可以打开"材质/贴图浏览器"对话框，为对应的参数指定贴图。

- "自发光"栏：选中复选框后可以设置自发光颜色，不选中复选框，则可以在数值框中直接设置自发光强度。适用于具有自身光源的模型，如灯泡、蜡烛等对象，如图 8-24 所示即自发光强度分别为"0"和"80"的效果。
- "不透明度"数值框：设置材质的不透明程度，如图 8-25 所示即不透明度分别为"80"和"20"的效果。

图 8-24　不同强度的自发光

图 8-25　不同强度的不透明度

- "高光级别"数值框：设置材质的高光区强度，如图 8-26 所示即高光级别分别为"10"和"60"的效果。
- "光泽度"数值框：设置材质的高光区域大小，如图 8-27 所示即光泽度分别为"10"和"80"的效果。

图 8-26　不同强度的高光

图 8-27　不同强度的光泽度

- "柔化"数值框：设置高光的柔滑程度，如图 8-28 所示即柔化度分别为"0.1"和"1"的效果。

3. 扩展参数

该卷展栏主要对模型的透明和反射等属性进行扩展设置，如图 8-29 所示。

图 8-28　不同强度的柔化程度

图 8-29　扩展参数卷展栏

- "衰减"栏：设置透明参数的衰减方向，"内"表示向模型内部逐渐增加不透明度，适用于玻璃瓶模型；"外"表示向模型外部逐渐增加不透明度，适用于烟雾模型。如图 8-30 所示为向内衰减和向外衰减的透明效果。
- "数量"数值框：设置透明衰减的强度。
- "类型"栏：设置不透明度的应用方式，"过滤"方式将计算与模型透明曲面后面的颜色相乘的过滤色；"相减"方式将从模型透明曲面后面的颜色中减除；"相加"方式将增加到模型透明曲面后面的颜色中。

图 8-30　不同的透明衰减方向

 折射率用于设置光线穿透模型的折射扭曲程度，不同介质的折射率是不相同的，如"1.5"代表玻璃的折射率、"1"代表真空的折射率等。

- "线框"栏：设置线框模式中的线框粗细和单位。
- "反射暗淡"栏：设置光线反射后的暗淡程度和反射程度。

4. 超级采样

该卷展栏主要用于设置超级采样的方式，如图 8-31 所示。超级采样主要是使用更小的采样点并返回平均值来增加渲染的抗锯齿效果。

- "使用全局设置"复选框：对材质使用"默认扫描线渲染器"卷展栏中设置的超级采样选项。
- "使用局部超级采样器"复选框：对材质使用超级采样，并可以在下方的下拉列表框中选择采样器。
- "超级采样贴图"复选框：对材质中的贴图同样进行超级采样处理。

5. 贴图

该卷展栏用于设置材质中不同参数的贴图和强度，如图 8-32 所示。

图 8-31 超级采样卷展栏

图 8-32 贴图卷展栏

单击参数右侧的 [None] 按钮，可以在打开的对话框中设置贴图，也可以直接将文件夹中的贴图文件直接拖动到该按钮上，如图 8-33 所示。"数量"栏用于设置贴图强度，选中左侧的复选框便表示应用贴图。

6. mental ray 连接

该卷展栏设置的效果需要使用 mental ray 渲染器才能显示，主要用于设置材质的明暗器、光子体积、扩展明暗器以及高级明暗器等属性，如图 8-34 所示。

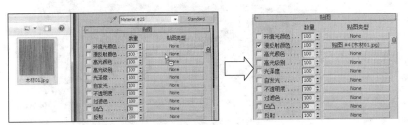

图 8-33 贴图卷展栏

图 8-34 mental ray 卷展栏

下面使用标准材质中的 Blinn 明暗器来为场景中的杯子模型赋予磨砂玻璃材质。

 上机实战 8-1 为杯子模型赋予磨砂玻璃材质

素材文件：素材\第 8 章\bolibei.max	效果文件：效果\第 8 章\bolibei.max
视频文件：视频\第 8 章\8-1.swf	操作重点：透明度、反射高光和高级透明设置

1 打开素材提供的"bolibei.max"文件，选择【渲染】/【材质编辑器】/【精简材质编辑器】菜单命令，如图 8-35 所示。

2 选择示例窗中的第 1 个材质球，将名称更改为"玻璃"，如图 8-36 所示。

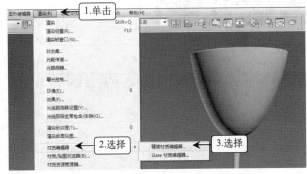

图 8-35 选择精简材质编辑器命令

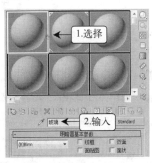

图 8-36 重命名材质球

3 单击"环境光"颜色条，在打开的对话框中将颜色设置为白色，单击 确定(Q) 按钮，如图 8-37 所示。

4 将不透明度设置为"0"、高光级别设置为"100"、光泽度设置为"12"、柔化程度设置为"1.0"，如图 8-38 所示。

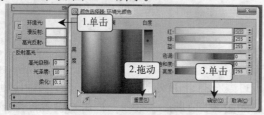

图 8-37　更改环境光颜色

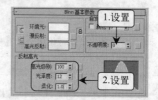

图 8-38　更改不透明度和反射高光

5 展开扩展参数卷展栏，将"高级透明"栏中的数量设置为"100"，如图 8-39 所示。

6 选择场景中的模型对象，单击"将材质指定给选定对象"按钮，将材质赋予所选模型，如图 8-40 所示。

图 8-39　设置衰减数量

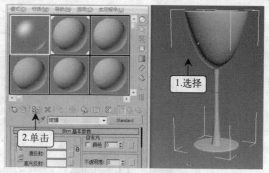

图 8-40　将材质赋予模型

7 按【F9】键查看渲染效果，如图 8-41 所示。

图 8-41　渲染后得到的模型效果

在为模型赋予材质时，可以直接将设置好的材质球拖动到场景中的模型上，这样也可以为该模型赋予相应的材质。

8.2.2　各向异性

各向异性明暗器适用于创建毛发、玻璃或磨砂金属等质感。在标准材质的明暗器基本参数卷展栏中选择"各向异性"明暗器后，便可以对其材质进行相应设置。如图 8-42 所示为该明暗器的基本参数卷展栏。

- **"漫反射级别"数值框**：在不影响高光效果的情况下设置漫反射区域的亮度，如图 8-43 所示为漫反射级别分别为"0"和"100"的效果。
- **"各向异性"数值框**：设置高光区域的形状，如图 8-44 所示为各向异性分别为"20"和"100"的效果。
- **"方向"数值框**：设置高光区域的方向，如图 8-45 所示为方向分别为"50"和"80"的效果。

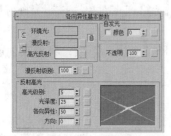

图 8-42　各向异性基本参数卷展栏

图 8-43　不同的漫反射级别

图 8-44　不同的各向异性程度

图 8-45　不同的方向

 标准材质中的各种明暗器除了基本参数外，其他卷展栏中的参数都是相似的。因此从各向异性明暗器开始，将只介绍其特有的参数属性。

8.2.3　金属

金属明暗器适用于创建逼真的金属质感效果。在标准材质的明暗器基本参数卷展栏中选择"金属"明暗器后，便可以对其材质进行相应设置。如图 8-46 所示为该明暗器的基本参数卷展栏。

金属明暗器的基本参数较少，设置较方便。如图 8-47 所示为高光级别为"20"、光泽度为"80"以及高光级别为"60"、光泽度为"80"的效果。

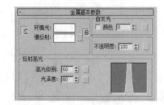

图 8-46　金属基本参数卷展栏

图 8-47　不同高光级别的金属明暗器效果

下面使用金属明暗器标准材质为场景中的门把手模型赋予类似不锈钢的金属材质，其具体操作如下。

 上机实战 8-2 为把手模型赋予不锈钢材质

素材文件：素材\第 8 章\bashou.max	效果文件：效果\第 8 章\bashou.max
视频文件：视频\第 8 章\8-2.swf	操作重点：透明度、反射高光和高级透明设置

1 打开素材提供的"bashou.max"文件，选择场景中的模型，然后按【M】键打开"材质编辑器"窗口，选择第 1 个材质球后，单击"将材质指定给选定对象"按钮 将材质赋予所选模型，如图 8-48 所示。

2 在"明暗器基本参数"卷展栏的下拉列表框中选择"金属"选项，将漫反射颜色设置为白色，如图 8-49 所示。

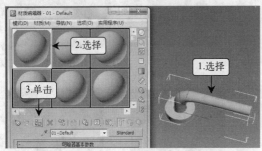

图 8-48　为模型赋予材质

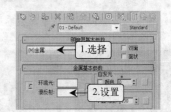

图 8-49　选择明暗器并设置漫反射颜色

3 在"反射高光"栏中将高光级别和光泽度均设置为"70"，如图 8-50 所示。

4 按【F9】键查看渲染效果，如图 8-51 所示。

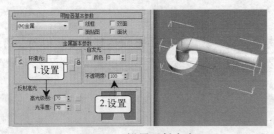

图 8-50　设置反射高光

图 8-51　渲染效果

 将材质球赋予模型后，材质与模型之间便建立了关联的关系，当修改材质时，模型上会及时反映效果，因此为了便于查看效果，可以在设置材质之前就先将材质赋予模型。

8.2.4 多层

多层明暗器的效果近似于各向异性明暗器，但前者拥有两个高光反射层，可以通过分层设置高光的效果，从而为表面较为复杂的模型设置更加真实的高光效果。如图 8-52 所示为该明暗器的基本参数卷展栏。

在使用多层明暗器时，当各向异性为"0"时没有多层效果；当各向异性为"100"时，则一个方向高光非常清晰，另一个方向可由光泽度单独控制。

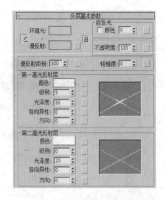

图 8-52　多层基本参数卷展栏

8.2.5　Oren-Nayar-Blinn

Oren-Nayar-Blinn 明暗器是以 Blinn 明暗器为基础进行优化的一种明暗器，使用它可以生成无光效果，适用于布料、粗糙的陶瓷等模型。如图 8-53 所示为该明暗器的基本参数卷展栏。其中"高级漫反射"栏中的"漫反射级别"数值框和"粗糙度"数值框便用于控制无光效果。

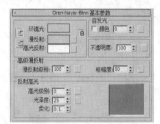

图 8-53　Oren-Nayar-Blinn 基本参数卷展栏

8.2.6　Phong

Phong 明暗器可以精确地反映模型平滑面之间的边缘，适用于塑料或其他柔和效果的模型，其基本参数与 Blinn 明暗器完全相同，如图 8-54 所示。

下面使用 Phong 明暗器标准材质为场景中的果盘模型赋予红色塑料的材质效果，其具体操作如下。

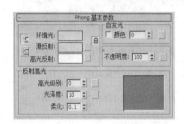

图 8-54　Phong 基本参数卷展栏

 上机实战 8-3　为果盘模型赋予塑料材质

素材文件：素材\第 8 章\guopan.max	效果文件：效果\第 8 章\guopan.max
视频文件：视频\第 8 章\8-3.swf	操作重点：精确设置漫反射颜色、设置反射高光

1　打开素材提供的"guopan.max"文件，选择场景中的模型，按【M】键打开"材质编辑器"窗口，选择第 1 个材质球后，单击"将材质指定给选定对象"按钮 将材质赋予所选模型。然后在"明暗器基本参数"卷展栏的下拉列表框中选择"Phong"选项，如图 8-55 所示。

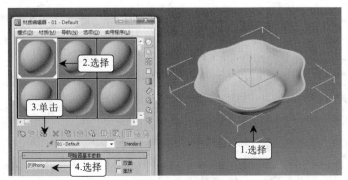

图 8-55　为模型赋予材质

2 单击"Phong 基本参数"卷展栏中漫反射的颜色条，在打开对话框中将红、绿、蓝的数值分别设置为"205"、"42"和"53"，单击 确定(O) 按钮，如图 8-56 所示。

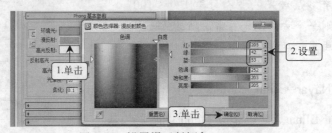

图 8-56 设置漫反射颜色

3 在"反射高光"栏中分别将高光级别、光泽度和柔化程度设置为"30"、"60"和"0.5"，如图 8-57 所示。

4 按【F9】键查看渲染效果，如图 8-58 所示。

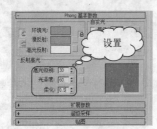

图 8-57 设置反射高光

图 8-58 渲染效果

8.2.7 Strauss

Strauss 明暗器适用于金属质感的模型，相比于金属明暗器而言，Strauss 明暗器更适合于简单的模型，如图 8-59 所示为该明暗器的基本参数卷展栏。

图 8-59 Strauss 基本参数卷展栏

- "颜色"颜色条：设置材质的颜色。
- "金属度"数值框：通过聚焦高光区域来设置金属质感的强弱程度。

8.2.8 半透明明暗器

半透明明暗器适用于具有一定透明度的模型，如蜡烛、肥皂、纱窗等对象，其基本参数如图 8-60 所示，与 Blinn 明暗器不同的是，该明暗器单独具备半透明的设置参数，其中"半透明颜色"用于设置光线穿过模型时的颜色；"过滤颜色"用于设置穿透模型的光线颜色。

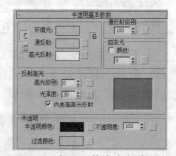

图 8-60 半透明基本参数卷展栏

8.3 多维/子对象材质

多维/子对象材质可以为一个模型赋予多种材质效果，单击材质编辑器窗口中的"材质类型"按钮 Standard ，在打开的"材质/贴图浏览器"对话框中双击"多维/子对象"选项即可进行多维/子对象材质设置。

如图 8-61 所示为多维/子对象材质的设置参数界面，各参数的作用分别如下。

- "设置数量"按钮 <u>设置数量</u> ：单击该按钮后，可以在打开的对话框中设置子对象材质的数量，如图 8-62 所示。
- "添加"按钮 <u>添加</u> ：逐一增加子对象材质数量。
- "删除"按钮 <u>删除</u> ：逐一减少子对象材质数量。
- "ID"栏：显示 ID 值，以便对应模型中的 ID 编号。
- "名称"栏：设置子对象的材质名称。
- "子材质"栏：单击 <u>　　　无　　　</u> 按钮后，可以在材质编辑器中对子材质进行设置。
- "启用/禁用"栏：选中复选框将启用对应的子材质，取消选中复选框则将禁用对应的子材质。

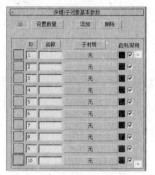

图 8-61 多维/子对象基本参数卷展栏

图 8-62 设置子材质数量

对模型应用多维/子对象材质之前，需要对模型中的各部分进行 ID 编号，然后才能使用。下面通过为凳子模型应用多维/子对象材质为例，介绍这种材质类型的使用方法，其具体操作如下。

 上机实战 8-4 为凳子模型应用多维／子对象材质

素材文件：素材\第 8 章\dengzi.max	效果文件：效果\第 8 章\dengzi.max
视频文件：视频\第 8 章\8-4.swf	操作重点：可编辑多边形 ID 编号、多维/子对象材质的应用

1 打开素材提供的"dengzi.max"文件，在修改器堆栈中展开"可编辑多边形"选项，进入到多边形层级，选择凳子表面的多边形，在"多边形：材质 ID"卷展栏的"设置 ID"数值框中输入"1"，按【Enter】键确认，如图 8-63 所示。

2 选择【编辑】/【反选】菜单命令或按【Ctrl+I】组合键反选其他多边形，在"设置 ID"数值框中输入"2"后按【Enter】键，如图 8-64 所示。

图 8-63 设置 ID

图 8-64 设置 ID

3 按【M】键打开材质编辑器，单击"材质类型"按钮 Standard ，在打开的"材质/贴图浏览器"对话框中双击"多维/子对象"选项，如图 8-65 所示。

4 单击 设置数量 按钮，打开"设置材质数量"对话框，将数量设置为"2"，单击 确定 按钮，如图 8-66 所示。

5 返回之前的界面，单击 1 号 ID 对应的"子材质"栏下的 无 按钮，如图 8-67 所示。

图 8-65　选择材质类型

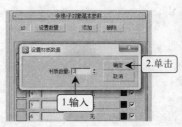

图 8-66　设置材质数量

图 8-67　设置 1 号 ID 材质

6 在打开的"材质/贴图浏览器"对话框中双击"标准"选项，如图 8-68 所示。

7 将材质漫反射颜色的红、绿、蓝参数分别设置为"0"、"100"和"200"，单击 确定(O) 按钮，如图 8-69 所示。

8 将高光级别、光泽度和柔化程度分别设置为"90"、"30"和"1.0"，如图 8-70 所示。

图 8-68　选择材质类型

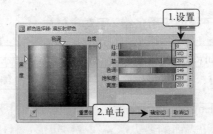

图 8-69　设置漫反射颜色

图 8-70　设置反射高光

9 单击"转到父对象"按钮 转到多维/子对象基本参数卷展栏界面，单击 2 号 ID 对应的"子材质"栏下的 无 按钮，如图 8-71 所示。

10 在打开的对话框中双击"标准"选项，如图 8-72 所示。

图 8-71　设置 2 号 ID 材质

图 8-72　选择材质类型

11 将材质漫反射颜色的红、绿、蓝参数分别设置为"200"、"255"和"0",单击 确定(O) 按钮,如图 8-73 所示。

12 将高光级别、光泽度和柔化程度分别设置为"50"、"20"和"0.5",如图 8-74 所示。

13 完成设置后直接按【F9】键查看渲染效果即可,如图 8-75 所示。

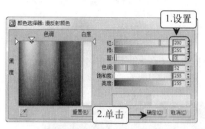
图 8-73　设置漫反射颜色

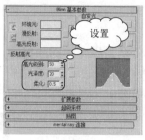
图 8-74　设置反射高光

图 8-75　渲染效果

8.4　其他常用材质

除了标准材质和多维/子对象材质以外,3ds Max 2013 还提供了许多材质类型,下面对其中一些常用的材质进行简单介绍。

8.4.1　Ink'n Paint 材质

Ink'n Paint 材质即墨水油漆材质,适用于制作卡通效果,如图 8-76 所示为该类型材质的参数卷展栏,其中重要参数的作用分别如下。

- 亮区:设置材质的主要颜色。
- 暗区:设置材质的明暗度程度。
- 高光:设置材质的高光区域。
- 绘制级别:设置颜色色阶。
- 墨水质量:设置模型边缘墨水效果的程度。
- 轮廓:设置模型外侧的轮廓线属性。
- 重叠:设置模型重叠区域的墨水效果和偏移程度。

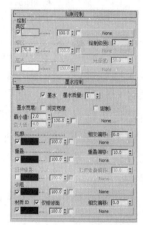
图 8-76　Ink'n Paint 材质的相关参数

8.4.2　光线跟踪材质

光线跟踪材质是一种高级的曲面明暗处理材质,可以更加精确地处理曲面发射、折射的效果。如图 8-77 所示为该类型材质的参数卷展栏,下面是对光线跟踪器的部分控制参数介绍。

- 启用光线跟踪:选中后将启用光线跟踪器。
- 光线跟踪大气:选中后启用大气效果的光线跟踪,如烟雾、体积光。
- 启用自反射/折射:选中后启用自反射或折射跟踪。

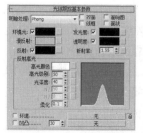

图 8-77　光线跟踪的基本参数和光线跟踪器控制参数

- 光线跟踪反射：选中后启用反射对象的光线跟踪。
- 光线跟踪折射：选中后启用透明对象的光线跟踪。
- 反射：设置在指定距离的反射暗淡程度。
- 折射：设置在指定距离的折射暗淡程度。

8.4.3 双面材质

双面材质可以为模型的内外两面设置不同的材质，如图 8-78 所示为该类型材质的设置参数卷展栏，正面材质用于设置模型外面的材质，背面材质用于设置模型的内面材质。如图 8-79 所示为应用了双面材质的茶杯模型。

图 8-78　双面材质的设置参数

图 7-79　应用了双面材质的茶杯

8.4.4　合成材质

合成材质可以在模型上通过叠加显示的方式显示多个材质的效果。使用合成材质时，首先需要制定基础材质，然后根据需要设置其他材质，模型将按从上到下的顺序显示多个材质叠加的效果。如图 7-80 所示为该材质的基本参数卷展栏。

- A按钮：使用相加不透明度的方式显示合成效果。
- S按钮：使用相减不透明度的方式显示合成效果。
- M按钮：根据数量值混合材质的方式显示合成效果。

图 8-80　合成材质的基本参数卷展栏

8.4.5　建筑材质

建筑材质是基于物理性质的材质类型，它能提供更加逼真的建筑模型效果。如图 7-81 所示为该材质的参数卷展栏。使用建筑材质时，可以首先在"模板"卷展栏中选择某种定义好的材质效果，并可以进一步在该材质的基础上进行调整，从而快速得到需要的材质。

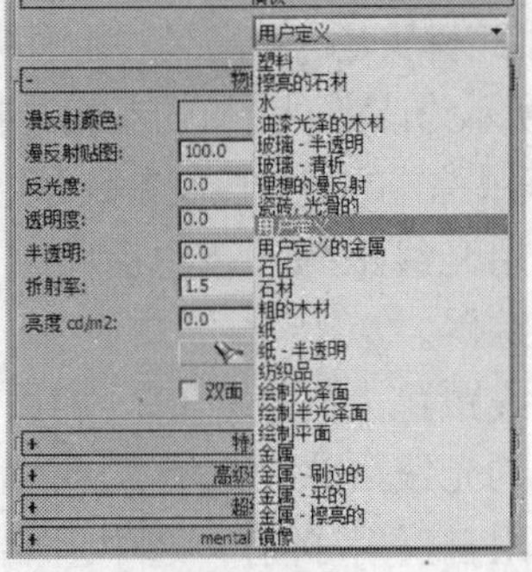

图 8-81　建筑材质的参数卷展栏

8.4.6 混合材质

混合材质可以在模型的单个面上将两种材质进行混合，与合成材质不同的是混合材质可以将两种材质真正进行融合显示。如图 8-82 所示为该材质的基本参数卷展栏。

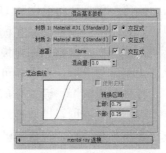

图 8-82 混合材质的基本参数卷展栏

- 遮罩：设置作为遮罩的贴图。
- 混合曲线：设置进行混合的两种颜色之间的融合程度，需指定遮罩贴图后，才会影响混合效果。

8.5 常用贴图的应用

为模型应用各种贴图效果，可以使其在具有物理材质的基础上，获得更加美观和真实的直观感受。

8.5.1 贴图的基本操作与设置

3ds Max 2013 提供了大量的贴图类型，在介绍这些贴图之前，需要对贴图的添加和基本参数设置的知识有所了解。

1. 添加贴图

在材质编辑器中单击"贴图"按钮，在打开的"材质/贴图浏览器"对话框中双击某个类型的贴图选项，如图 8-83 所示，然后在材质编辑器中对贴图进行设置即可，如图 8-84 所示为添加了贴图的抱枕模型。

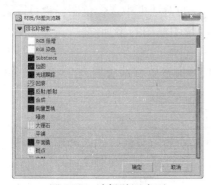

图 8-83 选择贴图类型

图 8-84 添加了贴图的模型

2. 贴图的参数卷展栏设置

为模型添加了贴图后，可以在"坐标"卷展栏和"噪波"卷展栏中对贴图进行设置，如图 8-85 所示为卷展栏的界面，其中部分参数的作用分别如下。

- "纹理"单选项：将贴图作为纹理应用于材质表面。

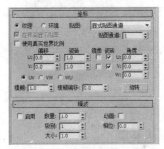

图 8-85 贴图的参数卷展栏

- "环境"单选项：将贴图作为环境贴图使用。
- "偏移"栏：调整贴图的 UV 坐标，即在模型上移动贴图。
- "瓷砖"栏：调整贴图在模型上的尺寸大小。
- "角度"栏：调整贴图在模型上的显示角度。
- "启用"复选框：选中后可以使噪波参数影响材质。
- "数量"数值框：设置分形功能的强度。
- "级别"数值框：设置噪波的迭代次数。
- "大小"数值框：设置噪波的比例。

8.5.2 常用贴图

3ds Max 2013 提供了多种贴图，包括 2D 贴图、3D 贴图、合成器贴图、颜色修改器贴图、反射和折射贴图等。

1. 位图贴图

这类贴图可以使用计算机中的任意图片作为贴图，如图 8-86 所示。选择这类贴图后，可以在材质编辑器的"位图参数"卷展栏中对位图进行设置，如图 8-87 所示。

图 8-86 位图贴图

图 8-87 位图参数卷展栏

- "位图"栏：单击该栏右侧的按钮，可以在打开的对话框中选择位图，也可以直接将文件夹中的某个图片文件拖动到该按钮上实现位图贴图的添加。
- "过滤"栏：用于设置抗锯齿的计算方法。
- "裁剪/放置"栏：用于裁剪位图或通过调整尺寸进行更好地放置。

2. 凹痕贴图

凹痕贴图可以在模型表面产生凹凸不平的立体效果，如图 8-88 所示。选择凹痕贴图后，可在"凹痕参数"卷展栏中对凹痕的大小、强度、迭代次数以及凹痕的两种颜色进行设置，如图 8-89 所示。

图 8-88 凹痕贴图

图 8-89 凹痕参数卷展栏

3. 噪波贴图

噪波贴图能基于两种颜色或材质的交互来随机创建曲面的起伏状态，如图 8-90 所示。选择噪波贴图后，可以在"噪波参数"卷展栏中对噪波的类型、大小、颜色等属性进行设置，如图 8-91 所示。

图 8-90 噪波贴图

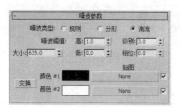

图 8-91 噪波参数卷展栏

4. 大理石贴图

大理石贴图能产生带有彩色纹理的效果，如图 8-92 所示。选择大理石贴图后，可以在"大理石参数"卷展栏中对其大小、纹理宽度和颜色等参数进行设置，如图 8-93 所示。

图 8-92 大理石贴图

图 8-93 大理石参数卷展栏

5. 木材贴图

木材贴图可以产生波浪纹的图案，模拟出木材纹理的效果，如图 8-94 所示。选择木材贴图后，可以在"木材参数"卷展栏中对颗粒密度、噪波程度和颜色等参数进行设置，如图 8-95 所示。

图 8-94 木材贴图

图 8-95 木材参数卷展栏

6. 棋盘格贴图

棋盘格贴图可以生成两色的棋盘图案效果，如图 8-96 所示。选择棋盘格贴图后，可以在"棋盘格参数"卷展栏中对柔化程度和格子颜色等参数进行设置，如图 8-97 所示。

图 8-96 棋盘格贴图

图 8-97 棋盘格参数卷展栏

7. 渐变贴图

渐变贴图可以为模型添加从一种颜色到另一种颜色渐变的效果，如图 8-98 所示。选择渐变贴图后，可以在"渐变参数"卷展栏中对渐变颜色、位置、类型以及噪波强度等参数进行设置，如图 8-99 所示。

图 8-98　渐变贴图

图 8-99　渐变参数卷展栏

8.6　使用 UVW 贴图坐标修改器

当模型较为复杂或无法正常贴图时，可以使用 UVW 贴图坐标修改器来解决此问题。方法为：在模型上进行贴图，为模型添加修改器并进行设置即可。

下面以对地毯模型使用 UVW 贴图坐标修改器为例进行介绍。

 上机实战 8-5　为地毯模型应用 UVW 贴图坐标修改器

素材文件：素材\第 8 章\ditan.max、fangtan.jpg	效果文件：效果\第 8 章\ditan.max
视频文件：视频\第 8 章\8-5.swf	操作重点：UVW 贴图坐标修改器的应用与设置

1　打开素材提供的"ditan.max"文件，选择模型，按【M】键打开材质编辑器，将第 1 个材质球赋予模型，单击"漫反射"颜色条右侧的"贴图"按钮■，如图 8-100 所示。

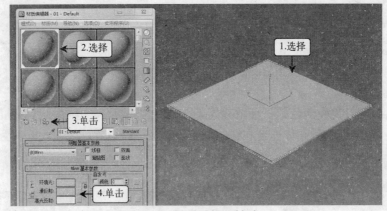

图 8-100　赋予模型材质

2　打开"材质/贴图浏览器"对话框，双击"位图"选项，如图 8-101 所示。
3　在打开的对话框中双击光盘提供的"fangtan.jpg"图片文件，如图 8-102 所示。

图 8-101　选择贴图类型

图 8-102　选择位图

4 为模型添加"UVW 贴图"修改器，在"参数"卷展栏中将长度和宽度分别设置为"110.0mm"和"125.0mm"，如图 8-103 所示。

图 8-103　添加并设置 UVW 贴图坐标修改器

5 将位图图像完全覆盖到模型上后按【F9】键渲染，效果如图 8-104 所示。

图 8-104　渲染效果

8.7　课堂实训——为坛子模型和组合沙发赋予材质和贴图

8.7.1　为坛子模型赋予材质和贴图

下面通过为坛子模型添加材质和贴图为例，综合练习标准材质、双面材质、建筑材质的使用、位图贴图的添加以及 UVW 贴图坐标修改器的使用等操作，制作后的效果如图 8-105 所示。

图 8-105　坛子模型效果图

素材文件：效果\第 8 章\tanzi.max、huawen.jpg	效果文件：效果\第 8 章\tanzi.max
视频文件：视频\第 8 章\8-6.swf	操作重点：标准材质、双面材质、建筑材质、贴图、UVW 贴图坐标修改的应用

操作步骤

1 打开素材提供的"tanzi.max"文件，选择模型后按【M】键打开材质编辑器，单击 Standard 按钮，如图 8-106 所示。

2 打开"材质/贴图浏览器"对话框，双击"双面"选项，如图 8-107 所示。

3 打开"替换材质"对话框，选中"丢弃旧材质"单选项，单击 确定 按钮，如图 8-108 所示。

4 进入"双面基本参数"卷展栏，单击正面材质右侧的按钮，如图 8-109 所示。

图 8-106　更改材质类型

图 8-107　选择双面材质类型

图 8-108　丢弃旧材质

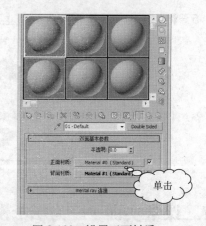

图 8-109　设置正面材质

5 在显示的界面中单击 Standard 按钮，在打开的对话框中双击"建筑"选项，如图 8-110 所示。

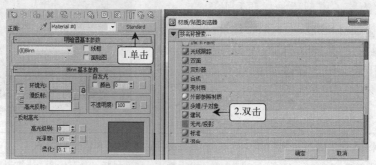

图 8-110　更改材质类型

6 在"模板"卷展栏的下拉列表框中选择"瓷砖，光滑的"选项，将漫反射颜色设置

为白色，然后单击"转到父对象"按钮，如图 8-111 所示。

7 在"双面基本参数"卷展栏中单击背面材质右侧的按钮，如图 8-112 所示。

8 在打开的对话框中选择 Blinn 明暗器，将高光级别和光泽度均设置为"50"，如图 8-113 所示。

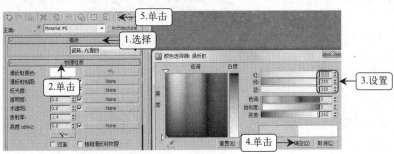

图 8-111 设置材质

图 8-112 设置背面材质

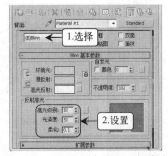

图 8-113 设置明暗器和反射高光

9 进入"贴图"卷展栏，直接将光盘中提供的"huawen.jpg"图片拖动到"漫反射颜色"右侧的按钮上，如图 8-114 所示。

图 8-114 应用贴图

10 完成贴图的添加后单击"转到父对象"按钮，如图 8-115 所示。

11 将材质赋予场景中的模型，如图 8-116 所示，然后按【F9】键渲染。

12 此时将打开"缺少贴图坐标"对话框，提示由于错误可能无法渲染，直接单击 继续 按钮，如图 8-117 所示。

13 3ds Max 2013 将继续进行渲染操作，但结果却并未显示贴图效果，如图 8-118 所示。

14 选择模型，为其添加 UVW 贴图坐标修改器，设置长度和高度分别为"10.0mm"，如图 8-119 所示。

15 按【F9】键渲染，此时便能得到正确的效果，如图 8-120 所示。

图 8-115　返回上层界面

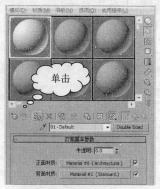

图 8-116　将材质赋予模型

图 8-117　提示无法渲染

图 8-118　不正常渲染效果

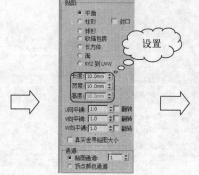

图 8-119　添加 UVW 贴图坐标修改器

图 8-120　渲染结果

8.7.2　为组合沙发赋予材质和贴图

　　下面将使用木材贴图、建筑材质和多维/子对象材质为组合沙发赋予相应的效果，通过练习进一步掌握材质和贴图的相关操作。渲染后的模型如图 8-121 所示。

图 8-121　沙发模型效果图

素材文件：素材\第 8 章\shafa.max	效果文件：效果\第 8 章\shafa.max
视频文件：视频\第 8 章\8-7.swf	操作重点：UVW 贴图坐标修改器的应用与设置

操作步骤

　　1　打开素材提供的"shafa.max"文件，选择地板模型，按【M】键打开材质编辑器，将第 1 个材质球赋予所选模型，然后将名称设置为"地板"，材质类型设置为"建筑"，建筑模板设置为"油漆光泽的木材"，将漫反射颜色设置为"150、100、0"，如图 8-122 所示。

　　2　单击漫反射贴图右侧的 None 按钮，在打开的对话框中双击"木材"选项，如图 8-123 所示。

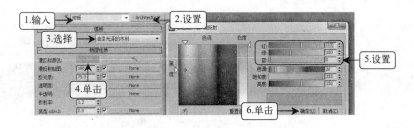

图 8-122 为地板赋予材质

3 在显示的界面中将"坐标"卷展栏和"木材参数"卷展栏按如图 8-124 所示的数值进行设置。

图 8-123 选择漫反射贴图类型　　　　图 8-124 设置贴图参数

4 选择场景中沙发底部的所有支架对象,将第 2 个材质球赋予它,并设置名称为"支架",材质类型设置为"建筑",建筑模板设置为"金属-平的",漫反射颜色设置为"白色",如图 8-125 所示。

5 选择场景中沙发身,将第 3 个材质球赋予它,并设置名称为"沙发身",材质类型设置为"建筑",建筑模板设置为"纺织品",漫反射颜色设置为"50、30、0",如图 8-126所示。

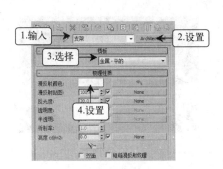

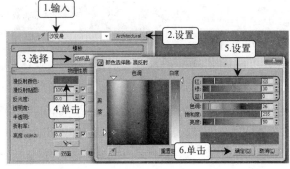

图 8-125 为支架赋予材质　　　　　图 8-126 为沙发身赋予材质

6 选择沙发坐垫部分,进入可编辑多边形的元素层级,选择坐垫对象,将 ID 设置为"1",如图 8-127 所示。

7 选择靠垫对象,将 ID 设置为"2",如图 8-128 所示。

8 退出可编辑多边形状态,选择沙发垫,将第 4 个材质球赋予它,设置名称为"沙发垫",材质类型设置为"多维/子对象",并将子材质数量设置为"2",如图 8-129 所示。

图 8-127　为坐垫设置 ID

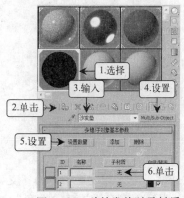

图 8-128　为靠垫设置 ID

9 对 1 号 ID 材质进行编辑，材质类型设置为"建筑"，建筑模板设置为"纺织品"，漫反射颜色设置为"200、200、150"，如图 8-130 所示。

图 8-129　为沙发垫赋予材质

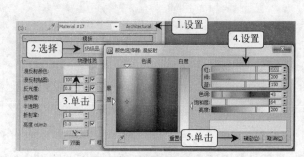

图 8-130　设置 1 号 ID 材质

10 返回上层界面，对 2 号 ID 材质进行编辑，材质类型设置为"建筑"，建筑模板设置为"纺织品"，漫反射颜色设置为"140、100、50"，如图 8-131 所示。

11 完成编辑后，按【F9】键查看渲染效果即可，如图 8-132 所示。

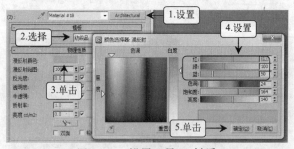

图 8-131　设置 2 号 ID 材质

图 8-132　渲染效果

8.8　疑难解答

1. 问：怎样将存储到库中的材质删除呢？

答：如果将材质存入了库，则在打开"材质/贴图浏览器"对话框时会在最下方显示"临时库"选项，展开该选项，在需要删除的材质上单击鼠标右键，在弹出的快捷菜单中选择"从库中移除"命令即可。

2. 问：想为模型应用多维/子对象材质，但为什么不能在视图中对该模型进行 ID 编号呢？

答：要想对模型进行 ID 编号，需要确保该模型是可编辑多边形或可编辑网格模型，如果不是，则应将其转换为这种对象。

3. 问：为什么打开场景后，无法显示模型上添加的位图贴图呢？

答：3ds Max 会记录贴图存在计算机中的位置，当从该位置将位图应用到贴图上以后，如果将位图的位置进行了改动，则在打开场景文件时会提示位图缺失，此时只需重新在材质编辑器中将改动了位置的位图添加到相应的贴图参数中即可。

8.9　课后练习

1．打开素材提供的"shuilongtou.max"文件，为其赋予如图 8-133 所示的材质效果（效果文件：效果\第 8 章\课后练习\shuilongtou.max）。

提示：使用标准材质的金属明暗器制作材质。

2．打开素材提供的"huaping.max"文件，为其赋予如图 8-134 所示的材质和贴图效果（效果文件：效果\第 8 章\课后练习\huaping.max）。

提示：使用双面材质，内部为建筑材质的"瓷砖，光滑的"模板，外部为标准材质贴图。

3．打开素材提供的"chaji.max"文件，为其赋予如图 8-135 所示的材质和贴图效果（效果文件：效果\第 8 章\课后练习\chaji.max）。

提示：

（1）茶几由木材和玻璃组成。

（2）墙体由墙面和地板组成。

（3）使用多维/子对象材质配合建筑材质，并利用提供的位图进行贴图。

图 8-133　金属水龙头

图 8-134　双面陶瓷花瓶

图 8-135　多材质茶几

第9章 灯光与摄影机

 内容提要

灯光在 3ds Max 中的作用是非常重要的，无论多么精美的模型、真实的材质，如果没有灯光的配合，效果也会大打折扣。要想在某个最佳角度得到渲染的效果图，就离不开 3ds Max 的摄影机。本章将对这两个重要对象的应用进行讲解，包括各种类型的灯光作用与设置方法以及摄影机的创建和设置方法等内容。

 学习重点与难点

➢ 了解布光方法和灯光的基本属性
➢ 掌握目标灯光、自由灯光、目标聚光灯、目标平行光的应用
➢ 熟悉自由聚光灯、自由平行光、泛光灯以及天光的应用
➢ 了解摄影机的作用和分类
➢ 掌握摄影机的创建与设置方法

9.1 灯光的应用

灯光不仅可以照明，还能改变场景中的颜色氛围，为场景营造出需要的感觉。

9.1.1 灯光概述

3ds Max 2013 提供了两种类型的灯光，即光度学灯光和标准灯光，总体来讲，标准灯光的使用更加简单，更易上手，而光度学灯光可以制造出更为逼真的效果，但设置的难度也更大。

在介绍灯光的应用之前，下面先简单介绍在 3ds Max 中布光的方法以及影响灯光的各种属性，这样可以更好地应用灯光制造出需要的光影效果。

1. 布光基本方法

所谓布光，是指在 3ds Max 的场景中安排各种光源布局，其中最基本的布光方法为三点照明法，这种方法将灯光分为主光、背光和辅助光。

● 主光：场景中模型的主要照明光源，通常采用聚光灯或平行光作为主光，其亮度大于其他任何照射在该模型上的光源。

● 背光：将模型从场景中分离出来，使其更加明显地照明光源，一般放置在主光源相对的位置，通常采用泛光灯作为背光，其亮度大约为主光的 1/2 或 1/3。

● 辅助光：用于提亮模型和场景的其他阴影区，可以使用泛光灯或聚光灯作为辅助光，亮度为主光的 1/2 左右。

2. 影响灯光的属性

3ds Max 2013 中的灯光属性不仅仅包括光照强度，还涉及颜色、衰减和入射角等属性。

- 强度：强度指光源初始点的灯光强度大小，它直接影响灯光所照亮的模型亮度，如图 9-1 所示为不同强度的光源在同一位置照射到同一模型的效果，左图强度较小，画面显得暗淡；右图强度较大，画面则显得明亮。

图 9-1　灯光的不同强度效果

- 颜色：灯光的颜色是指光源的颜色，不同灯光的颜色是不同的，如太阳光为浅黄色、钨丝灯为橘黄色等。如图 9-2 所示为不同颜色的光源照射到同一模型的效果，左图的灯光颜色为黄色，右图的灯光颜色为蓝色。

图 9-2　灯光的不同颜色效果

- 衰减：衰减是指灯光的强度随光源距离的增加而减弱的现象，在这种情况下，靠近光源的模型更亮，远离光源的模型则越来越暗。
- 入射角：入射角指光源照射模型的位置，不同的角度导致模型的受光面不同。如图 9-3 所示即为不同入射角照射到同一模型的效果，左图的入射角在模型左侧，右图的入射角在模型右侧。

图 9-3　灯光的不同入射角效果

9.1.2　在场景中添加灯光

在场景中添加灯光时，需要选择灯光类型，然后在合适的视图中创建灯光，并对灯光参数进行调整。

　　下面以使用目标聚光灯为场景中的椅子模型进行照明设置为例，介绍灯光的添加与设置方法。

 上机实战 9-1　　使用目标聚光灯照明模型

素材文件：素材\第 9 章\yizi.max	效果文件：效果\第 9 章\yizi.max
视频文件：视频\第 9 章\9-1.swf	操作重点：目标聚光灯的添加与设置

　　1　打开素材提供的"yizi.max"文件，在"创建"选项卡中单击"灯光"按钮，在"类型"下拉列表框中选择"标准"选项，单击 目标聚光灯 按钮，如图 9-4 所示。

　　2　在前视图中向左下方拖动鼠标，创建目标聚光灯，如图 9-5 所示。

　　3　选择聚光灯对象的光源对象，在"修改"选项卡的"常规参数"卷展栏中选中"阴影"栏下的"启用"复选框，如图 9-6 所示。

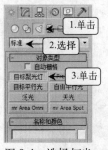

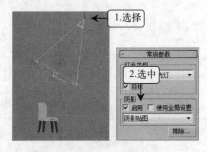

　图 9-4　选择灯光　　　　　图 9-5　创建灯光　　　　　图 9-6　启用阴影效果

　　4　展开"阴影参数"卷展栏，将对象阴影的颜色设置为"57、57、57"，单击 确定(O) 按钮，如图 9-7 所示。

　　5　按【F9】键渲染，效果如图 9-8 所示。

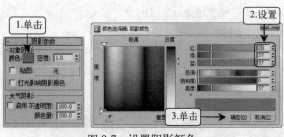

　　　图 9-7　设置阴影颜色　　　　　　　　　　图 9-8　渲染效果

9.1.3　灯光的调整与参数设置

　　在选择了合适的灯光类型后，如果想获得更好的照明效果，还需要对灯光进行适当的调整以及参数设置。

　　1. 光源与目标点的调整

　　在创建了灯光后，可以对灯光、光源和目标点进行移动、缩放等各种操作。

　　● 移动灯光：框选光源和目标点，或选择光源与目标点之间的直线可以选择灯光对象，此时便可以对其进行移动、旋转等操作。

- 移动光源：选择光源，可以单独对光源进行移动等调整，不影响目标点的位置。
- 移动目标点：选择目标点，可以单独对目标点进行调整，不影响光源位置。
- 缩放光源：选择光源，切换到移动和缩放工具，此时可对光照区域的范围大小进行缩放。

2. 常规参数

常规参数可以设置灯光类型和启用阴影效果，其卷展栏如图 9-9 所示。

- "灯光类型"组：选中"启用"复选框可以启用灯光效果，在右侧的下拉列表框中可选择灯光类型。选中"目标"复选框，可以使灯光中出现目标点。
- "阴影"组：选中"启用"复选框可启用阴影效果，在下方的下拉列表框中可以选择生成阴影效果的渲染器。选中"使用全局设置"复选框，可使用该灯光投射阴影的全局设置，如图 9-10 所示为未启用阴影和启用阴影的对比效果。

图 9-9　常规参数卷展栏　　　　　　　图 9-10　无阴影与有阴影的渲染效果

3. 强度/颜色/衰减参数

强度/颜色/衰减参数可设置灯光倍增强度、颜色和衰减效果，其卷展栏如图 9-11 所示。

- "倍增"数值框：设置灯光功率强度，右侧的颜色按钮可以设置灯光颜色。
- "衰退"组："类型"下拉列表框用于衰退类型的选择，"开始"数值框用于不使用衰减状态下灯光衰退开始的距离。选中"显示"复选框可以在视图中显示衰退范围。
- "近距衰减"组：选中"使用"复选框将启用近距衰减，选中"显示"复选框可以在视图中显示近距衰减范围。右侧的"开始"和"结束"数值框用于设置灯光开始衰减和衰减为"0"的距离。
- "远距衰减"组：选中"使用"复选框将启用远距衰减，选中"显示"复选框可在视图中显示远距衰减范围。右侧的"开始"和"结束"数值框用于设置灯光开始衰减和衰减为"0"的距离，如图 9-12 所示为将倍增设置为"2"、颜色设置为淡绿色，并开启远减后距衰的渲染效果。

图 9-11　强度/颜色/衰减卷展栏　　　　图 9-12　设置强度/颜色/衰减的渲染效果

4. 聚光灯参数

聚光灯参数用于控制灯光的聚光区和衰减区，其卷展栏如图 9-13 所示。

- "显示光锥"复选框：选中该复选框将在视图中显示灯光的照射区域。
- "泛光化"复选框：选中该复选框将使灯光在所有方向都进行照射。
- "聚光区/光束"数值框：设置灯光的光锥范围。
- "衰减区/区域"数值框：设置灯光光锥的衰减范围。
- "圆"、"矩形"单选项：选中某个单选项可调整光锥的外形，如图 9-14 所示为圆形光锥和矩形光锥的照明效果。

图 9-13　聚光灯参数卷展栏　　　　　　图 9-14　圆形光锥和矩形光锥的渲染效果

5. 高级效果参数

高级效果参数用于设置灯光照射到模型曲面上的各种效果，其卷展栏如图 9-15 所示。

- "对比度"数值框：设置曲面漫反射区域和环境光区域之间的对比度。
- "柔化漫反射边"数值框：设置曲面漫反射区域与环境光部分边缘的柔化程度。
- "漫反射"、"高光反射"、"仅环境光"复选框：选中任意复选框将只照射曲面上对应的材质属性。
- "贴图"复选框：选中该复选框后，可以利用右侧的按钮为照明添加贴图效果。如图 9-16 所示即为添加了某种贴图的照明效果。

图 9-15　高级效果参数卷展栏　　　　　　图 9-16　照明贴图的渲染效果

6. 阴影参数

阴影参数用于设置阴影颜色、贴图等阴影属性，其卷展栏如图 9-17 所示。

- "颜色"按钮：用于设置阴影颜色。
- "密度"数值框：用于设置阴影效果的明暗程度。
- "贴图"复选框：选中该复选框后，可利用右侧的按钮为阴影添加贴图效果，如图 9-18 所示即为阴影应用了某种贴图的效果。
- "灯光影响阴影颜色"复选框：选中该复选框后，阴影颜色效果将是灯光颜色和阴影自身颜色的混合结果。
- "启用不透明度"复选框：选中该复选框后，可以利用右侧的数值框调整阴影的不透明程度。

- "颜色量"数值框：用于设置阴影颜色与大气颜色的混合量。

图 9-17　阴影参数卷展栏

图 9-18　阴影贴图的渲染效果

7. 阴影贴图参数

阴影贴图参数用于在启用了阴影贴图后对贴图属性进行设置，其卷展栏如图 9-19 所示。

- "偏移"数值框：设置阴影与模型的距离，如图 9-20 所示为调整了偏移量后的照明效果。
- "大小"数值框：设置灯光的阴影贴图大小。
- "采样范围"数值框：通过设置采样范围可以调整贴图的平滑感。
- "绝对贴图偏移"复选框：选中该复选框，可以将阴影贴图的偏移进行标准化设置。
- "双面阴影"复选框：选中该复选框，模型背光面将无阴影效果。

图 9-19　阴影贴图参数卷展栏

图 9-20　阴影偏移的渲染效果

8. 大气和效果参数

大气和效果参数用于模拟灯光穿透大气时出现的效果，其卷展栏如图 9-21 所示。单击 添加 按钮，可以在打开的对话框中选择大气或效果，单击 删除 按钮可删除添加的大气和效果，单击 设置 按钮可以对选择的大气和效果进行设置。如图 9-22 所示为添加了体积光的照明效果。

图 9-21　大气和效果参数卷展栏

图 9-22　体积光照明的渲染效果

9.1.4　标准灯光

标准灯光是计算机通过计算模拟出来的灯光效果，可以模拟现实世界中不同种类的光源。3ds Max 2013 提供的标准灯光包括目标聚光灯、自由聚光灯、目标平行光、自由平行光、泛光灯、天光、mr 区域泛光灯以及 mr 区域聚光灯等。

1. 目标聚光灯与自由聚光灯

目标聚光灯可以产生一个圆锥形的照射区域，超出该区域以外的模型不受灯光影响，可以用来模拟吊灯、手电筒等对象发出的灯光效果，前面介绍的添加灯光和设置灯光参数便是以目标聚光灯为例，这里不再对此灯光进行重复讲解。

自由聚光灯即没有目标点的目标聚光灯，其参数与目标聚光灯完全相同。在"创建"选项卡中单击"灯光"按钮，在"类型"下拉列表框中选择"标准"选项，单击 Free Spot 按钮，然后在视图中单击鼠标即可创建。

2. 目标平行光与自由平行光

平行光是在一个方向上传播的平行光线，这种灯光主要用来模拟太阳光。目标平行光包含光源和目标点，自由平行光只有光源，其用法与目标聚光灯和自由聚光灯相同。如图 9-23 所示分别为目标平行光和自由平行光在视图中的效果。

图 9-23　目标平行光与自由平行光

3. 泛光灯

泛光灯是单个光源向各个方向照射光线的灯光类型，适用于辅助灯光。在"创建"选项卡中单击"灯光"按钮，在"类型"下拉列表框中选择"标准"选项，单击 泛光 按钮，然后在视图中单击鼠标即可。如图 9-24 所示分别为泛光灯在视图中与渲染后的效果。

图 9-24　泛光灯

4. 天光

天光可以模拟日光效果，创建方法为：在"创建"选项卡中单击"灯光"按钮，在"类型"下拉列表框中选择"标准"选项，单击 天光 按钮，然后在视图中单击鼠标即可，其参数卷展栏如图 9-25 所示。

● "使用场景环境"单选项：选中该单选项，灯光颜色将是环境中设置的颜色。

图 9-25　天光参数卷展栏

● "天空颜色"单选项：选中该单选项，可以通过右侧的颜色按钮指定灯光颜色。

 标准灯光还包括 mr 区域泛光灯和 mr 区域聚光灯，这两种灯光需要 mental ray 渲染器进行渲染，光源从点光源变为了球体或圆柱体光源。对于照明效果而言，mr 区域泛光灯类似于标准泛光灯的照射效果，mr 区域聚光灯则类似于标准聚光灯的照射效果。

9.1.5　光度学灯光

3ds Max 2013 中的光度学灯光包括目标灯光、自由灯光和 mr Sky 门户灯光，由于 mr Sky 门户灯光不常用，这里只对前两种灯光进行介绍。

1. 目标灯光

目标灯光的创建方法与标准灯光中的目标聚光灯创建相同，它同样具有光源和目标点两个组成对象。光度学的目标灯光参数有所不同，下面进行介绍。

● "模板"卷展栏：在该卷展栏的"选择模板"下拉列表框中可以选择 3ds Max 2013 预设的各种灯光效果，如图 9-26 所示。
● "常规参数"卷展栏：在该卷展栏的"灯光分布（类型）"下拉列表框中可以选择不同的灯光分布类型，其中较为常用的是"光度学 Web"分布，如图 9-27 所示。

图 9-26　选择预设的灯光模板

图 9-27　选择灯光分布类型

 选择"光度学 Web"选项后，将显示"分布（光度学 Web）"卷展栏，如图 9-28 所示，单击其中的 选择光度学文件 按钮，可在打开的对话框中选择光域网文件，从而为灯光分布设置文件中的固定样式。如图 9-29 所示即为一种筒灯效果的光域网文件。

图 9-28　"分布（光度学 Web）"卷展栏

图 9-29　筒灯光域网文件的灯光效果

● "强度/颜色/衰减"卷展栏：该卷展栏用于控制光度学灯光的颜色、强度和衰减效果，如图 9-30 所示。其中"颜色"组下的第 1 个下拉列表框中预设有多种灯光颜色，而选中"开尔文"单选项，则可以通过调整以开尔文度数显示的色温来设置灯光颜色；"强度"组中的 3 个单位分别为"lm（流明）"、"cd（坎德拉）"和"lx（lux）"。

 "lm"可以测量整个灯光的输出功率，100 瓦灯泡大约有 1 750 lm 的光强度；"cd"可以测量灯光的最大强度，100 瓦灯泡大约为 139 cd 的光强度，较接近于现实世界，因此更为常用。

- "图形/区域阴影"卷展栏：该卷展栏用于控制光源形状，包括点光源、线、矩形、圆形、球体以及圆柱体等选项可供选择，如图 9-31 所示。

图 9-30　设置灯光强度、颜色和衰减程度

图 9-31　设置光源形状

2. 自由灯光

自由灯光与目标灯光相比，缺少了目标点，因此其照明方向随选择灯光分布类型进行照明。在"创建"选项卡中单击"灯光"按钮，在"类型"下拉列表框中选择"光度学"选项，单击 自由灯光 按钮，然后在视图中单击鼠标即可创建自由灯光。

9.2　摄影机的应用

在场景中添加摄影机后，可以实现从摄影机的角度显示场景内容的效果，这对于效果图的渲染出图而言是非常重要的，因为可以根据不同的视觉角度来调整效果图显示内容，从而满足不同用户对效果图内容的不同需要。

9.2.1　摄影机的分类

3ds Max 2013 中的摄影机分为目标摄影机和自由摄影机，其特点分别如下。

- 目标摄影机：目标摄影机可以显示目标点一定范围内的区域，是效果图中最常使用的类型。目标摄影机包括机身（视觉角度的起点）、目标点和目标范围等组成对象，通过对这些对象的调整，便能得到需要的场景视觉角度，如图 9-32 所示。
- 自由摄影机：自由摄影机与目标摄影机相比不具有目标点，因此目标摄影机在移动机身的时候，可以保证目标对象不发生变化，而自由摄影机移动机身时，整个视觉范围也会同步移动，常用在动画摄影中。

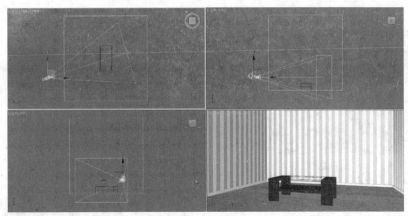

图 9-32 目标摄影机

9.2.2 摄影机的创建与设置

摄影机的创建与设置较为简单，只需选择摄影机类型后，在场景中进行创建，然后根据需要对摄影机的高度、距离、镜头以及视野等基本参数进行设置即可。

下面练习在室内茶几模型中创建并设置摄影机，熟悉该功能的使用方法。

 上机实战 9-2 在场景中添加摄影机

素材文件：素材\第 9 章\chaji.max	效果文件：效果\第 9 章\chaji.max
视频文件：视频\第 9 章\9-2.swf	操作重点：目标摄影机的添加与设置

1 打开素材提供的"chaji.max"文件，在"创建"选项卡中单击"摄影机"按钮，然后单击 目标 按钮，如图 9-33 所示。

2 在顶视图中从左至右拖动鼠标创建摄影机，如图 9-34 所示。

图 9-33 选择摄影机类型

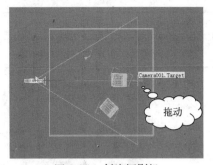

图 9-34 创建摄影机

3 单击摄影机与目标点之间的直线，切换左视图，向上移动整个摄影机对象，如图 9-35 所示。

4 单独选择摄影机图标，在"修改"选项卡的"参数"卷展栏中将镜头设置为"30.0"，如图 9-36 所示。

5 切换到左视图，将摄影机部分沿 x 轴适当向左移动，如图 9-37 所示。

6 切换到透视图，按【C】键切换到摄影机视图，然后按【F9】键渲染，效果如图 9-38 所示。

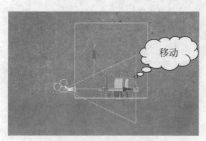

图 9-35　移动摄影机

图 9-36　设置摄影机镜头大小

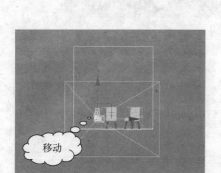

图 9-37　移动摄影机

图 9-38　渲染效果

9.3　课堂实训——在室内场景中添加灯光和摄影机

下面通过为室内壁画场景添加灯光和摄影机为例，掌握泛光灯、光度学目标灯光、光域网文件以及摄影机的使用，最终效果如图 9-39 所示。

素材文件：素材\第 9 章\bihua.max、筒灯.IES	效果文件：效果\第 9 章\bihua.max
视频文件：视频\第 9 章\9-3.swf	操作重点：泛光灯的添加、光域网文件的加载、摄影机的添加和设置

图 9-39　室内壁画模型效果图

操作步骤

1　打开素材提供的"bihua.max"文件，在"创建"选项卡中单击"摄影机"按钮，然后单击　目标　按钮，如图 9-40 所示。

2　在顶视图中从下至上拖动鼠标创建摄影机，如图 9-41 所示。

3　选择摄影机对象，在"修改"选项卡中单击 28mm 按钮，快速设置摄影机镜头大小，如图 9-42 所示。

图 9-40　选择摄影机类型

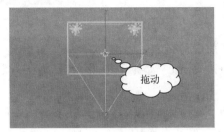

图 9-41　创建摄影机

图 9-42　设置镜头大小

4　切换到透视图，按【C】键切换为摄影机视图，这样调整摄影机时该视图会同步显示视觉效果，如图 9-43 所示。

图 9-43　摄影机视图

5　依次在左视图和前视图中调整摄影机对象，观察摄影机视图的效果是否满足需要，如图 9-44 所示。

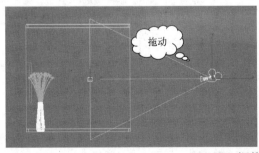
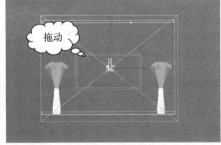

图 9-44　调整摄影机

6　在"创建"选项卡中单击"灯光"按钮，在"类型"下拉列表框中选择"标准"选项，单击　泛光　按钮，如图 9-45 所示。

7　在前视图中单击鼠标创建泛光灯，如图 9-46 所示。

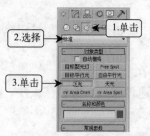

图 9-45　选择灯光类型

图 9-46　创建泛光灯

8　在左视图中调整泛光灯位置，效果如图 9-47 所示。

9　在命令面板中进入"修改"选项卡，在"强度/颜色/衰减"卷展栏中将倍增设置为"0.4"，如图 9-48 所示。

10　在"创建"选项卡中单击"灯光"按钮，在"类型"下拉列表框中选择"光度学"选项，单击 目标灯光 按钮，如图 9-49 所示。

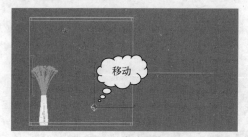

图 9-47　移动泛光灯

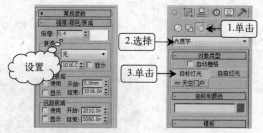

图 9-48　设置强度　　　　图 9-49　选择灯光

11　在前视图中从上至下拖动鼠标，创建目标灯光，如图 9-50 所示。

12　在左视图中适当调整目标灯光的位置，效果如图 9-51 所示。

图 9-50　创建目标灯光

图 9-51　移动目标灯光

13　在命令面板的"修改"选项卡中将灯光分布类型设置为"光度学 Web"，单击"分布（光度学 Web）"卷展栏中的 <选择光度学文件> 按钮，如图 9-52 所示。

14　在打开的对话框中选择素材"光域网"文件夹中的"筒灯.IES"文件，单击 打开⊙ 按钮，如图 9-53 所示。

15　将灯光的单位设置为"cd"，强度设置为"100"，如图 9-54 所示。

16　将目标灯光在前视图中以实例方式复制 3 个，适当调整位置，如图 9-55 所示。

17　保存场景文件，按【F9】键渲染，效果如图 9-56 所示。

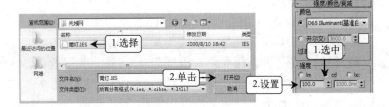

图 9-52　设置灯光分布类型　　　　图 9-53　加载光域网文件　　　　图 9-54　设置灯光强度

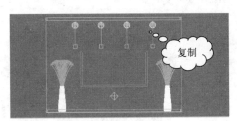

图 9-55　复制灯光　　　　　　　　图 9-56　渲染效果

9.4　疑难解答

1．问：为什么建模时没有创建灯光也能看清模型呢？

答：3ds Max 2013 会默认在场景中创建两盏灯光，如果没有在场景中手动创建灯光，那就会使用这两盏灯光效果，以方便建模操作。一旦在场景中创建了灯光后，这两盏默认的灯光就会熄灭，并应用创建的灯光效果。

2．问：光域网文件是 3ds Max 2013 自带的吗？在哪里可以获取呢？

答：光域网文件并不是 3ds Max 2013 自带的文件，该文件主要用于记录控制灯光分布的数据，通常可以从灯光的制造厂商处获得，格式主要有 IES、LTLI 或 CIBSE。一些网站上也提供有光域网文件的下载链接，可供下载并学习使用。

3．问：可以在场景中添加多台摄影机吗？

答：3ds Max 2013 允许在场景中的不同位置添加多台摄影机，以满足获取不同视觉角度的需要。当添加了多台摄影机后，按【C】键切换摄影机视图时，会打开"选择摄影机"对话框，双击某个摄影机选项即可切换到该摄影机所处位置的视图。

9.5　课后练习

1．打开素材"taideng.max"文件（素材文件：素材\第 9 章\课后练习\taideng.max），利用泛光灯制作点亮的台灯效果（效果文件：效果\第 9 章\课后练习\taideng.max），如图 9-57 所示。

提示：使用泛光灯创建灯光、开启阴影效果，设置为区域阴影、倍增为 0.5、颜色为淡黄色。

2．打开素材"zhutai.max"文件（素材文件：素材\第 9 章\课后练习\zhutai.max），制作冷清的烛台效果（效果文件：效果\第 9 章\课后练习\zhutai.max），如图 9-58 所示。

提示：

（1）淡蓝色的目标聚光灯，倍增为 0.1，开启阴影，斜下照向烛台。

（2）辅助光使用两盏泛光灯，倍增为 0.3，颜色为淡蓝色，放置在烛台左右两侧。

3.打开素材"dianshiqiang.max"文件(素材文件:素材\第 9 章\课后练习\dianshiqiang.max)，制作开灯后的电视墙效果（效果文件：效果\第 9 章\课后练习\zhutai.max），如图 9-59 所示。

提示：

（1）使用泛光灯为主光源，照亮整个房间目标聚光灯。使用光度学目标灯光制作电视柜下方的射灯效果，光域网文件使用提供的"tongdeng.IES"文件。

（2）使用目标摄影机在场景正面创建镜头为 28 mm 的摄影机。

图 9-57　台灯

图 9-58　烛台

图 9-59　电视墙

第 10 章　环境设置与渲染

内容提要

通过对模型进行创建，赋予材质和贴图，并添加灯光和摄影机后，就可以以对场景文件进行渲染出图操作了。在渲染之前，还需要通过对场景环境进行适当设置来获取需要的效果。本章将介绍环境设置与渲染的知识，包括背景设置、全局照明设置、曝光控制、大气效果设置以及各种渲染器的设置和使用等。

学习重点与难点

➤ 掌握背景和全局照明设置的方法
➤ 熟悉曝光控制的设置方法
➤ 了解大气效果的添加和设置方法
➤ 了解渲染帧窗口的使用
➤ 掌握默认扫描线渲染器和光能传递的设置与使用方法
➤ 了解光跟踪器和 mental ray 渲染器的使用

10.1　环境设置

环境设置可以对场景的背景、曝光和大气效果等参数进行设置，使渲染出来的图像更加符合需要。

10.1.1　背景与全局照明设置

在 3ds Max 2013 操作界面中选择【渲染】/【环境】菜单命令或直接按【8】键，将打开"环境和效果"对话框的"环境"选项卡，如图 10-1 所示。利用"公用参数"卷展栏中"背景"和"全局照明"栏下的参数便可以对背景和全局照明进行设置，各参数的作用分别如下。

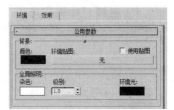

图 10-1　背景与全局照明设置参数

- "颜色"颜色条：单击该颜色条，可以在打开的对话框中为场景设置背景颜色。
- "环境贴图"按钮：单击 ⬚⬚⬚⬚⬚⬚无⬚⬚⬚⬚⬚⬚ 按钮，可以在打开的"材质/贴图浏览器"对话框中为场景背景应用各种贴图效果。
- "使用贴图"复选框：选中该复选框后将使场景背景应用设置的贴图效果；取消选中该复选框则应用设置的背景颜色。
- "染色"颜色条：单击该颜色条，可以在打开的对话框中为场景中的所有灯光染色。

如果设置的染色颜色为白色，则灯光不会被染色。另外，无论设置为哪种颜色，
场景中的环境光均不会被染色。

- "级别"数值框：可以加强或减弱场景中灯光的照明强度，小于"1"将减弱照明；大于"1"将加强照明。
- "环境光"颜色条：单击该颜色条，可以在打开的对话框中设置环境光的颜色。

下面通过为场景设置渲染背景染色强度来控制场景模型的渲染效果。

 上机实战 10-1 设置场景背景和全局照明

素材文件：素材\第 10 章\guanjingchuang.max	效果文件：效果\第 10 章\guanjingchuang.max
视频文件：视频\第 10 章\10-1.swf	操作重点：设置背景为位图贴图、设置染色和强度

1 打开素材提供的"guanjingchuang.max"文件，按【8】键打开"环境和效果"对话框，单击 _____ 无 _____ 按钮，如图 10-2 所示。

2 打开"材质/贴图浏览器"对话框，双击"贴图"选项下的"位图"选项，如图 10-3 所示。

图 10-2　设置环境贴图

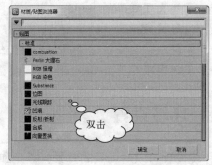

图 10-3　选择贴图类型

3 在打开的对话框中选择素材提供的"yuanjing.jpg"图像文件，单击 打开(O) 按钮，如图 10-4 所示。

4 返回"环境和效果"对话框，单击"染色"颜色条，在打开的对话框中将颜色设置为"200、200、120"，单击 确定(O) 按钮，如图 10-5 所示。

图 10-4　选择位图

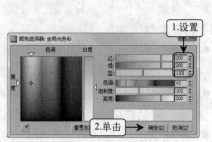

图 10-5　设置颜色

5 将染色级别设置为"1.5"，然后关闭对话框，如图 10-6 所示。

6 按【F9】键渲染场景，效果如图 10-7 所示。

图 10-6　设置染色级别

图 10-7　渲染结果

10.1.2　曝光控制

曝光控制可以调整渲染的输出级别和颜色，控制图像的曝光不会过高或过低。3ds Max 2013 提供了多种曝光控制的方法，下面分别介绍。

1. mr 摄影曝光控制

在"环境和效果"对话框的"曝光控制"卷展栏下的下拉列表框中选择"mr 摄影曝光控制"选项可以显示该曝光控制对应的卷展栏，如图 10-8 所示。通过对参数进行设置能仿照真实摄影机通过调整快门、光圈等控制曝光效果。

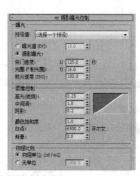

图 10-8　mr 摄影曝光控制参数

部分参数的作用如下。

- "预设值"下拉列表框：在其中可以选择 3ds Max 预设的某种曝光环境，如物理性灯光、户外日光、晴朗天空等。
- "曝光值"单选项：选中该单选项，可以设置一个值来同时表示高光、中间调和阴影参数。
- "摄影曝光"单选项：选中该单选项，可以对快门速度、光圈和胶片速度进行设置来控制曝光。
- "高光"、"中间调"、"阴影"数值框：这 3 个参数可以用来综合调整曝光强度。
- "颜色饱和度"数值框：控制渲染图像的颜色强度。
- "白点"数值框：控制渲染图像的色温。

2. 对数曝光控制

在"环境和效果"对话框的"曝光控制"卷展栏下的下拉列表框中选择"对数曝光控制"选项可以显示该曝光控制对应的卷展栏，如图 10-9 所示。这种曝光控制方法可以通过设置亮度、对比度等参数来简单处理曝光效果。

图 10-9　对数曝光控制参数

3. 伪彩色曝光控制

这种曝光控制方式实际上相当于一种照明分析工具，它通过显示不同的颜色可以直观地查看场景中不同的照明强度，如图 10-10 所示。在"曝光控制"卷展栏下的下拉列表框中选择"伪彩色曝光控制"选项后，可以在对应的卷展栏中对曝光数量、样式和比例进行设置，如图 10-11 所示。

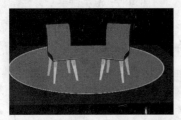

图 10-10　伪彩色曝光控制的渲染效果

10-11　伪彩色曝光控制参数

4. 线性曝光控制

线性曝光控制可以通过对场景的平均亮度来进行曝光处理，其参数主要有亮度、对比度和曝光值等，如图 10-12 所示。

5. 自动曝光控制

自动曝光控制可以从渲染图像中通过采样来分离整个场景颜色，实现自动曝光控制，其参数与线性曝光控制的参数相同，如图 10-13 所示。

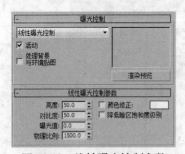

图 10-12　线性曝光控制参数

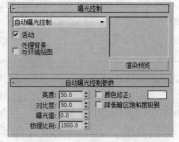

图 10-13　自动曝光控制参数

10.1.3　大气效果

大气效果可以在渲染时使场景中创建类似雾、火焰、体积光等效果。打开"环境和效果"对话框，单击"大气"卷展栏中的 添加... 按钮，在打开的对话框中添加需要使用的大气效果，然后对该效果进行设置即可。

下面以在场景中添加并设置体积光为例，介绍大气效果的添加和设置方法。

上机实战 10-2　添加并设置体积光

素材文件：素材\第 10 章\tijiguang.max	效果文件：效果\第 10 章\tijiguang.max
视频文件：视频\第 10 章\10-2.swf	操作重点：体积光的添加与设置

1　打开素材提供的"tijiguang.max"文件，在左视图中添加标准灯光类型下的自由平行光，并调整入射角度，如图 10-14 所示。

2　在前视图中适当缩放灯光范围，效果如图 10-15 所示。

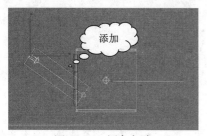　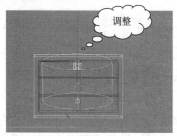

图 10-14　添加灯光　　　　　　　　10-15　设置灯光

3　按【8】键打开"环境和效果"对话框，单击"大气"卷展栏中的 添加... 按钮，如图 10-16 所示。

4　打开"添加大气效果"对话框，在列表框中选择"体积光"选项，单击 确定 按钮，如图 10-17 所示。

　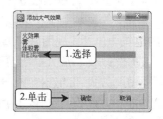

图 10-16　添加大气效果　　　　　　10-17　选择大气效果

5　在对话框中单击 拾取灯光 按钮，拾取视图中添加的自由平行光，如图 10-18 所示。

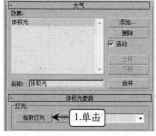　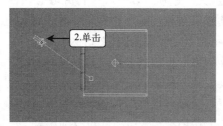

图 10-18　拾取灯光

6　对体积光的密度、最大亮度、衰减倍增、过滤阴影、衰减开始和结束为止以及噪波数量按如图 10-19 所示进行设置。

7　关闭对话框，按【F9】键渲染场景，效果如图 10-20 所示。

图 10-19 设置体积光参数

10-20 渲染效果

10.2   渲染设置

创建了精美的模型，并赋予了真实的材质、灯光等对象后，在渲染之前按需求进行适当设置，可以使作品达到更加理想的效果。

10.2.1   认识渲染帧窗口

按【F9】键渲染场景时打开的窗口就是渲染帧窗口，它不仅能预览渲染的效果，还能进行渲染区域设置的各种操作，如图 10-21 所示。

该窗口中部分参数的作用分别如下。

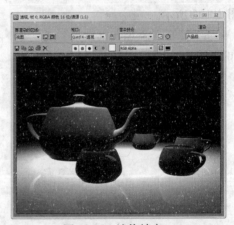

图 10-21   渲染帧窗口

- "要渲染的区域"下拉列表框：设置需要的渲染，包括"视图"、"选定"、"区域"、"裁剪"以及"放大"等可选方式，其中"视图"方式即为选择整个视图的内容；"选定"方式为将选择的模型突出渲染。
- "编辑区域"按钮：单击该按钮，渲染预览区将显示红色控制线，调整控制线可以改变渲染区域的大小。当在"要渲染的区域"下拉列表框中选择"区域"、"裁剪"或"放大"选项时，可以进行区域编辑操作。
- "自动选定对象区域"按钮：单击该按钮，可以将设置的"区域"、"裁剪"或"放大"范围自动设置为当前选择。
- "渲染预设"下拉列表框：选择 3ds Max 2013 提供的某种预设的渲染方式。
- "渲染设置"按钮：打开"渲染设置"对话框。
- "环境和效果对话框"按钮：打开"环境和效果"对话框。
- "渲染"按钮　渲染　：重新渲染场景。
- "渲染方式"下拉列表框：包括"产品级"和"迭代"两种选项，"产品级"将使用渲染帧窗口和"渲染设置"对话框中设置的选项进行渲染；"迭代"将忽略网络渲染、多帧渲染等设置，并使用扫描线渲染器进行渲染。
- "保存图像"按钮：打开"保存图像"对话框，用于保存渲染出的图像。

- ●"复制图像"按钮：将渲染出的图像复制到剪贴板中，以便在其他文档中粘贴使用。
- ●"克隆渲染帧窗口"按钮：创建另一个包含所显示图像的窗口，以便于比较渲染效果。
- ●"打印图像"按钮：将打印渲染的图像。
- ●"清除"按钮：将删除预览区域中渲染的图像
- ●颜色通道按钮组：以各种颜色通道显示渲染出的图像。

10.2.2 常见渲染设置

单击工具栏上的"渲染设置"按钮或按【9】键可以打开"渲染设置"对话框，在其中可以对图像的输出大小进行设置，并能指定渲染器。

1. 设置图像输出大小

图像的输出大小为渲染后得到的图像大小，较小的图像分辨率不高，稍微放大后就模糊不清，较大的图像在渲染时会很费时，因此可以根据具体需要来设置图像输出大小。

在"渲染设置"对话框的"输出大小"栏中可以对图像的输出大小进行设置，如图 10-22 所示，其中部分参数的作用如下。

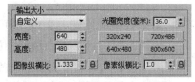

图 10-22 图像输出大小设置

- ●"自定义"下拉列表框：选择某种 3ds Max 2013 预设的图像尺寸。
- ●"宽度"、"高度"数值框：设置图像输出后的宽度和高度。
- ●"图像纵横比"数值框：设置塌陷输出后宽度与高度的比例，单击右侧的"锁定"按钮可以锁定纵横比。

设置图像输出大小时，为避免图像变形，一般需要锁定图像纵横比，然后调整宽度和高度数值。也可以直接单击某个尺寸按钮应用对应的尺寸。

2. 指定渲染器

指定渲染器可以更改当前使用的渲染器工具，以满足不同的渲染需要。在"渲染设置"对话框的"指定渲染器"卷展栏中单击"产品级"栏右侧的"浏览"按钮，在打开的"选择渲染器"对话框中选择某个渲染器，然后单击确定按钮即可以，如图 10-23 所示。

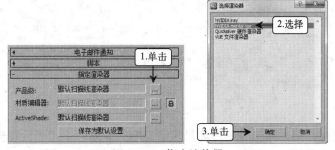

图 10-23 指定渲染器

打开"渲染设置"对话框后，可以单击右下角的"渲染"按钮开始渲染场景。

10.2.3 默认扫描线渲染器

默认扫描线渲染器是一种多功能渲染器，可以将场景渲染为从上到下生成一系列扫描线。在"渲染设置"对话框中单击"渲染器"选项卡，在其中便可以设置默认扫描线渲染器的各种渲染参数，如图 10-24 所示。

图 10-24　默认扫描线渲染器的设置参数

常用的渲染设置参数作用如下。

- "选项"栏：选中该栏中的复选框，对应的内容才会被渲染输出。
- "抗锯齿"栏：选中"抗锯齿"复选框可以优化渲染效果，但会增加渲染时间。
- "全局超级采样"栏：选中"启用全局超级采样器"复选框，可以在下方的下拉列表框中选择某个采样器进行全局采样。
- "自动反射/折射贴图"栏：在其中可以设置自动反射/折射的渲染迭代次数，数值越高，效果越真实，但渲染时间也会极大地增加。

10.2.4 光跟踪器

光跟踪器适用于明亮场景，它一般与天光结合使用，为室外、明亮大厅等场景提供柔和边缘的阴影和映色效果。

在"渲染设置"对话框中单击"高级照明"选项卡，在"选择高级照明"卷展栏的下拉列表框中选择"光跟踪器"选项，在打开的对话框中单击 是(Y) 按钮即可使用光跟踪器，如图 10-25 所示。

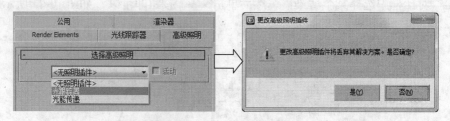

图 10-25　选择光跟踪器

在选择了光跟踪器后，对话框下方将显示"参数"卷展栏，用于设置光跟踪器的各种渲染参数，如图 10-26 所示。

其中常用的渲染设置参数作用如下。

- "全局倍增"数值框：用于控制场景的整体照明强度。
- "对象倍增"数值框：用于控制由场景中对象反射出的照明强度。

- "天光"复选框：选中该复选框，将启用场景中的天光进行光跟踪，并可以在右侧的数值框中设置天光强度。
- "颜色溢出"数值框：设置场景中多个对象相互反射时出现的颜色照映效果。
- "光线/采样数"数值框：设置每个采样投影的光线数目，值越大效果越平滑，但渲染时间也会增加。
- "光线偏移"数值框：用于调整反射光的位置。

图 10-26　光跟踪器的渲染参数

10.2.5　光能传递

光能传递可以真实地模拟灯光在环境中相互作用的效果，通过光线的反射和折射对整个场景进行渲染，能得到更加真实的渲染效果。

使用光跟踪器的方法为：在"渲染设置"对话框中单击"高级照明"选项卡，在"选择高级照明"卷展栏的下拉列表框中选择"光能传递"选项，在打开的对话框中单击 是(Y) 按钮即可使用光跟踪器。

选择了光能传递后，对话框下方将显示多个卷展栏，下面重点对"光能传递处理参数"卷展栏进行介绍，如图 10-27 所示。

- "开始"按钮 开始 ：单击该按钮将开始计算场景中的光能传递情况。
- "全部重置"按钮 全部重置 ：开始计算光能传递后，3ds Max 场景的一个副本将加载到光能传递引擎中，单击该按钮将从引擎中清除所有几何体。
- "重置"按钮 重置 ：单击该按钮将清除引擎中的灯光，保留几何体。
- "初始质量"数值框：用于设置停止"初始质量"阶段的质量百分比，通常设置为"80%~85%"。
- "优化迭代次数（所有对象）"数值框：设置场景中所有对象的光能传递质量。
- "优化迭代次数（选定对象）"数值框：设置所选对象的光能传递质量。
- "设置"按钮 设置... ：单击该按钮将打开"环境和效果"对话框的"环境"选项卡，通过对数曝光控制对场景亮度、对比度和曝光量进行设置，如图 10-28 所示。

图 10-27　光能传递处理参数

图 10-28　曝光控制

10.2.6　mental ray 渲染器

mental ray 渲染器是内置到 3ds Max 中的渲染器，它具有完整的反射、折射、灯光等渲染功能，能使场景渲染出很好的效果。使用该渲染器之前，应首先按照指定渲染器的方法将渲染器指定为 mental 渲染器，然后就可以对其参数进行设置并渲染了。

mental ray 渲染器包含渲染器、间接照明和处理设置，下面分别进行介绍。

1. 渲染器设置

渲染器设置包括多个卷展栏参数，可以实现全局渲染、采样质量、算法、摄影机效果以及阴影置换等渲染设置。

- "全局调试参数"卷展栏：在其中可以设置场景中所有投射阴影、光泽反射和光泽折射的倍增数量，如图 10-29 所示。
- "采样质量"卷展栏：在其中可以设置每像素采样量、过滤器的类型和大小等参数，如图 10-30 所示。
- "渲染算法"卷展栏：在其中可以设置启用哪种渲染算法，包括扫描线、光线跟踪、反射/折射和子集像素渲染等方式以供选择，如图 10-31 所示。

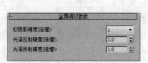  

图 10-29　全局调试　　　　图 10-30　采样质量　　　　图 10-31　渲染算法

- "摄影机效果"卷展栏：在其中可以设置摄影机的运动模糊效果、轮廓、明暗器以及景深等渲染参数，如图 10-32 所示。
- "阴影与置换"卷展栏：在其中可以设置阴影、阴影贴图和置换等渲染参数，如图 10-33 所示。

 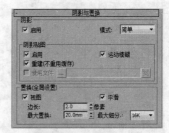

图 10-32　摄影机效果　　　　　　图 10-33　阴影与置换

 如果要更好地发挥 mental ray 渲染器的渲染效果，场景中的材质和灯光建议同样使用 mental ray 材质和 mental ray 灯光，这样才能更好地兼容渲染。

2. 间接照明设置

间接照明设置包括"最终聚焦"、"焦散和全局照明（GI）"和"重用（最终聚焦和全局照明磁盘缓存)"卷展栏,如图 10-34 所示,主要用于设置渲染的最终聚焦倍增量、噪波量、焦散效果、全局照明效果、体积效果、跟踪深度效果、灯光属性效果以及几何体属性效果等。

图 10-34　间接照明的参数设置卷展栏

3. 处理设置

处理设置包括"转换器选项"、"诊断"和"分布式块状渲染"卷展栏,如图 10-35 所示,主要用于设置将场景转换为渲染器要求的格式、了解 mental ray 渲染器的渲染方式等。

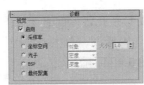

图 10-35　处理设置的参数设置卷展栏

10.3　课堂实训——使用光能传递渲染场景

下面通过使用光能传递技术为室内场景进行渲染为例,介绍光能传递的设置和使用方法,最终效果如图 10-36 所示。

图 10-36　室内场景效果图

素材文件：效果\第 10 章\chaji.max	效果文件：效果\第 10 章\chaji.max
视频文件：视频\第 10 章\10-3.swf	操作重点：添加泛光灯、光能传递的设置、场景渲染

操作步骤

1 打开素材提供的"chaji.max"文件，在场景茶几模型正上方创建泛光灯，并设置倍增为"1.0"，如图 10-37 所示。

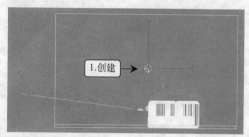

图 10-37 创建泛光灯

2 复制泛光灯，放置在茶几西北角位置，倍增设置为"0.1"，如图 10-38 所示。

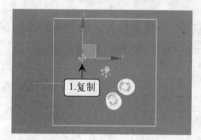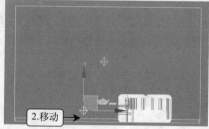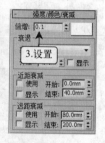

图 10-38 创建泛光灯

3 按【F9】键渲染，此时沙发与茶几背光面有明显的阴影，如图 10-39 所示。

4 按【9】键打开"渲染设置"对话框，单击"高级照明"选项卡，在下方的下拉列表框中选择"光能传递"选项，如图 10-40 所示。

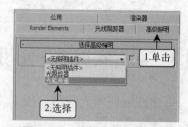

图 10-39 渲染   图 10-40 选择高级照明技术

5 将初始质量设置为"80.0"、优化迭代次数（所有对象）设置为"2"，间接灯光过滤和直接灯光过滤均设置为"5"，如图 10-41 所示。

6 单击 开始 按钮开始计算光能传递相关数据，如图 10-42 所示。

7 按【F9】键再次预览，发现场景亮度过高，如图 10-43 所示。

8 在"渲染设置"对话框中单击"交互工具"栏中的 设置... 按钮，在打开的对话框中将亮度、对比度和中间色调分别设置为"30"、"20"和"0.01"，如图 10-44 所示。

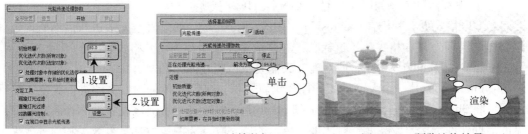

图 10-41　设置参数　　　图 10-42　计算数据　　　图 10-43　预览渲染效果

9 返回"渲染设置"对话框，在"光能传递网格参数"卷展栏中选中"启用"复选框，将最大和最小网格大小分别设置为"100.0mm"和"10.0mm"，如图 10-45 所示。

图 10-44　设置曝光控制参数

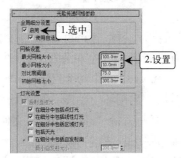

图 10-45　启用全局细分设置

10 再次渲染场景，此时效果符合预期，单击左上角的"保存图像"按钮，如图 10-46 所示。

11 打开"保存图像"对话框，将"保存类型"设置为"TIF 图像文件"，文件名设置为"01"，单击 保存(S) 按钮后在打开的对话框中直接单击 确定 按钮即可，如图 10-47 所示。

图 10-46　保存渲染的图形

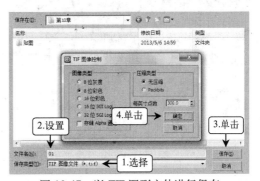

图 10-47　以 TIF 图形文件进行保存

10.4　疑难解答

1. 问：为什么渲染出来的图像始终是灰色的效果呢？

答：这有可能是不小心单击了渲染帧窗口中的"单色"按钮，该按钮呈按下状态时，则表示图像统一呈单色显示，再次单击该按钮将其弹起即可以解决此问题。

2. 问：保存渲染的图像时，为什么要选择 TIF 格式呢？

答：TIF 格式更有利于在 Photoshop 中进行后期处理，如果确定无须进行后期处理，则可以将图像保存为 JPG 格式，不过建议统一将渲染图像保存为 TIF 格式，以备不时之需。

3. 问：什么是 Photoshop 后期处理？又需要做哪些处理呢？

答：Photoshop 是一个大型的图形图像编辑软件，可以对各种图像文件进行优化、编辑和设置。将 3ds Max 渲染出来的图像放到 Photoshop 中做进一步优化设置就称为后期处理。常见的后期处理包括图像亮度、对比度、色阶的调整以及为图像添加背景效果和前景效果，如蓝天、绿色植物等对象就是常用的素材。

10.5　课后练习

1. 打开素材"yangtai.max"文件（素材文件：素材\第 10 章\课后练习\yangtai.max），将场景背景设置为天空位图贴图，然后保存渲染图像（效果文件：效果\第 10 章\课后练习\yangtai.max），如图 10-48 所示。

提示：启用环境贴图，渲染场景并保存图像为 TIF 格式。

2. 打开素材"bihua.max"文件（素材文件：素材\第 10 章\课后练习\bihua.max），利用光能传递将场景渲染为夜间效果，然后将渲染的图像输出为 1024×768 分辨率的 JPG 文件（效果文件：效果\第 10 章\课后练习\bihua.max），如图 10-49 所示。

提示：

（1）启用光能传递渲染技术，对初始质量、迭代次数、对数曝光控制进行设置。

（2）在"公用"选项卡中锁定图像纵横比，设置分辨率后渲染并保存图像。

图 10-48　阳台

图 10-49　夜间效果

第 11 章　综合案例——客厅效果图制作

内容提要

本章将通过室内效果图的制作，综合练习全书讲解的知识，重点包括场景设置、建模、合并场景、应用材质和贴图、添加灯光和摄影机以及渲染和相应设置等内容。通过本次综合案例的制作与练习，可以进一步掌握并巩固所学知识，了解室内效果图的一般制作思路和方法。

学习重点与难点

➢ 了解室内效果图的制作思路
➢ 掌握室内效果图各制作环节的具体实现方法
➢ 掌握墙体、天花板、地板、多级吊顶和地脚线的创建方法
➢ 熟悉合并场景中多个模型的方法
➢ 掌握射灯和台灯的灯光照片设置方法
➢ 熟悉光能传递的设置和渲染操作

11.1　案例目标

本案例将设计一个简单的室内客厅，最终效果如图 11-1 所示，通过案例巩固本书介绍的相关知识，包括场景设置、基本体建模、二维图形建模、修改器建模、多边形建模、场景合并、材质与贴图的应用、灯光和摄影机的添加以及渲染等内容。

在学习本案例时，除了熟悉并巩固相关知识的用法以外，还应该了解整个案例的制作思路，通过本案例加深室内设计工作的各个环节和流程。

素材文件：素材\第 11 章\沙发.max、电视柜.max…	效果文件：效果\第 11 章\客厅效果图.max
视频文件：视频\第 11 章\11-1.swf、11-2.swf…	操作重点：建模、材质、贴图、灯光、摄影机、渲染

图 11-1　客厅效果图

11.2 案例分析

本案例中的场景包含了大量模型，看上去相对较为繁杂，但实际上将这些模型拆分来看，就可以将整个客厅划分为框架、沙发区和电视柜三大主要部分，各部分主要包含以下模型。

- 框架：框架即整个客厅的结构，包括天花板、墙壁、窗户、地脚线和木地板。
- 沙发区：沙发区为客厅左侧的区域，主要包括沙发、抱枕、茶几、地毯、木柜、台灯和装饰窗格等对象。
- 电视柜：电视柜中包含的对象主要有电视墙木质造型、电视柜、电视和陶瓷摆件。

清楚了客厅场景中包含的对象后，就可以按照场景设置、建模、合并场景、赋予材质和贴图、添加灯光和摄影机以及渲染的步骤来规划整个案例的制作流程。

- 场景设置：此环节主要是确定场景中的单位、栅格点的大小、捕捉的对象以及场景的保存。
- 建模：对场景中的框架对象和结构相对较为简单的对象进行建模，涉及基本体、二维图形、修改器以及多边形建模等多种方式。
- 合并场景：将平时积累的一些现有模型合并到场景中，提高场景创建的效率。
- 材质和贴图：为场景中的所有模型赋予材质和贴图，有必要时需要添加 UVW 贴图坐标。
- 灯光和摄影机：此环节可以先创建摄影机，确定渲染的视图角度，然后利用标准灯光、光度学灯光和光域网文件为场景添加光照。
- 渲染：完成上述环节后，利用光能传递的渲染技术对场景进行渲染出图并保存。

11.3 案例步骤

根据案例分析的内容，下面把整个案例操作划分为对应的环节，通过分步讲解的方式全面体现整个案例的操作过程。

11.3.1 场景设置

下面首先启动 3ds Max 2013，将自动创建的场景文件进行保存，然后对场景单位和捕捉对象进行设置调整。

1 启动 3ds Max 2013，按【Ctrl+S】组合键打开"另存为"对话框，将文件名设置为"客厅效果图"，单击 保存(S) 按钮保存场景文件，如图 11-2 所示。

图 11-2 保存场景文件

2　选择【自定义】/【单位设置】菜单命令，将公制单位设置为"毫米"，然后单击 系统单位设置 按钮，在打开的对话框中将系统单位设置为"毫米"，如图 11-3 所示。

3　在工具栏的捕捉工具 上单击鼠标右键，打开"栅格和捕捉设置"对话框，在"捕捉"选项卡中选中"顶点"复选框，如图 11-4 所示。

4　单击"主栅格"选项卡，将栅格间距设置为"100.0mm"，如图 11-5 所示。

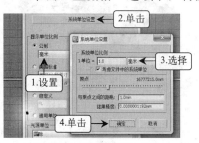
图 11-3　设置系统单位

图 11-4　设置捕捉对象

图 11-5　设置栅格间距

11.3.2　框架建模

框架建模将综合利用基本几何体、线、布尔以及修改器等知识创建墙体、天花板、吊顶、地脚线和地板等对象。

1　选择顶视图并缩小栅格点，开启捕捉工具，利用二维图形中的线按顺时针方向绘制如图 11-6 所示的图形（左右线段长 6 000 mm、上侧线段长 4 000 mm）。

2　取消捕捉状态，在"修改"选项卡中进入样条线层级，选择创建的图形，将轮廓设置为"200"，如图 11-7 所示。

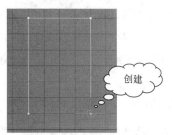
图 11-6　创建图形

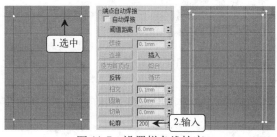
图 11-7　设置样条线轮廓

3　为图形添加"挤出"修改器，并将挤出数量设置为"3000mm"，创建墙体框架，如图 11-8 所示。

4　在前视图创建长方体，将长度、宽度和高度分别设置为"2000.0mm、3000.0mm、500.0mm"，使其与墙体在 x 轴和 y 轴中心与中心对齐，如图 11-9 所示。

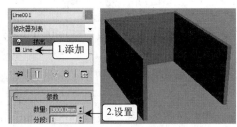
图 11-8　挤出墙体

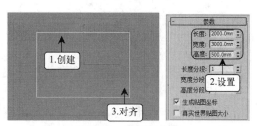
图 11-9　创建长方体

5 在左视图中将长方体移至墙体左侧，使其穿透墙体，如图 11-10 所示。

6 选择墙体，利用复合对象中的"布尔"工具的"差集（A-B）"方式减去长方体，得到窗框区域，如图 11-11 所示。

图 11-10　移动长方体

图 11-11　布尔运算

7 在顶视图中开启捕捉工具，沿墙体外侧创建长方体，然后将高度设置为"10.0mm"，如图 11-12 所示。

8 在左视图中开启捕捉工具，将长方体右下角的顶点移动到墙体右上角的顶点，制作天花板模型，如图 11-13 所示。

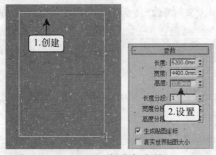

图 11-12　创建长方体

图 11-13　移动长方体

9 按住【Shift】键向下拖动长方体，在打开的对话框中选中"复制"单选项，单击 确定 按钮，如图 11-14 所示。

10 按相同方法利用捕捉工具将其移到墙体下方，制作地板模型，如图 11-15 所示。

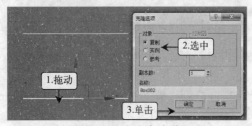

图 11-14　复制长方体

图 11-15　移动长方体

11 在顶视图利用顶点捕捉，沿墙体内侧创建线，进入样条线层级，设置"-400mm"的轮廓，如图 11-16 所示。

12 将图形挤出"300mm"，在左视图中将其放置到天花板模型下方，制作 1 级吊顶模型，如图 11-17 所示。

13 在顶视图利用顶点捕捉，沿吊顶内侧创建线，进入样条线层级，设置"-200mm"的轮廓，如图 11-18 所示。

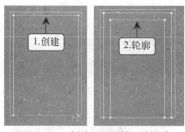
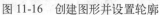
图 11-16　创建图形并设置轮廓

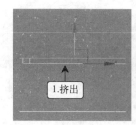

图 11-17　挤出图形并移动

14 将图形挤出"100mm"，在左视图中将其放置到 1 级吊顶中间，制作 2 级吊顶模型，如图 11-19 所示。

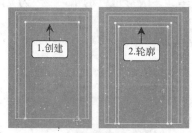
图 11-18　创建图形并设置轮廓

图 11-19　挤出图形并移动

15 按相同方法在顶视图利用顶点捕捉，沿墙体内侧创建线，进入样条线层级，设置"–10mm"的轮廓，将图形挤出"100mm"，在左视图中将其放置到地板上方，制作地脚线模型，如图 11-20 所示。

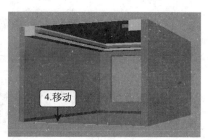
图 11-20　创建地脚线模型

如果利用顶点捕捉移动地脚线时发生位置错误的现象，可以将 3D 捕捉更改为 2.5D 捕捉后再进行移动。

11.3.3　电视墙造型与射灯建模

下面将利用多边形建模的方式创建电视墙木质造型对象，然后利用管状体创建射灯模型。

1 在左视图中创建长方体，将长度、宽度和高度分别设置为"2700.0mm、1000.0mm、100.0mm"，并移动到如图 11-21 所示的位置。

2 按【Alt+Q】组合键孤立显示模型，将其转换为可编辑多边形，如图 11-22 所示。

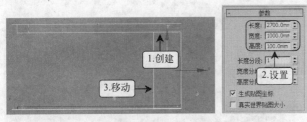
图 11-21　创建长方体

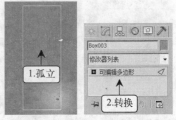
图 11-22　转换为可编辑多边形

3　进入边层级，拖动鼠标选择垂直方向的所有边，利用连接功能连接 3 条边，如图 11-23 所示。

4　进入多边形层级，选择 4 个面，利用倒角功能将选择的多边形进行倒角，参数为 "按多边形、40mm、–10mm"，如图 11-24 所示。

5　退出可编辑多边形编辑状态和孤立状态，在顶视图中将模型向右移至墙体内侧，如图 11-25 所示。

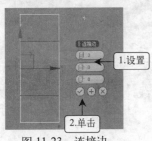
图 11-23　连接边

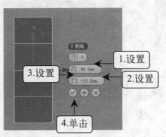
图 11-24　倒角多边形

图 11-25　移动可编辑多边形

6　在左视图中将可编辑多边形按实例的方式克隆，并移至左侧的墙角，制作电视墙造型模型，如图 11-26 所示。

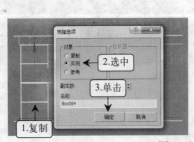

图 11-26　复制可编辑多边形

7　在顶视图中创建标准几何体的管状体模型，将半径 1、半径 2 和高度分别设置为 "80.0mm、30.0mm、20.0mm"，如图 11-27 所示。

8　在顶视图和左视图中调整管状体的位置，将其放置在电视墙一侧 1 级吊顶的下方，与 1 级吊顶部分重叠，如图 11-28 所示。

9　在左视图中将管状体以实例的方式克隆 3 个，适当调整 4 个管状体在 x 轴的位置，如图 11-29 所示。

10　在顶视图中将 4 个管状体以实例方式克隆到另一侧相对的位置，如图 11-30 所示。

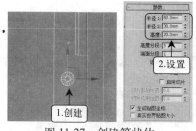

图 11-27　创建管状体

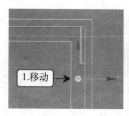

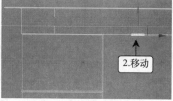

图 11-28　移动管状体

图 11-29　复制管状体

图 11-30　复制管状体

11.3.4　合并场景模型

合并场景是指将其他场景文件中的模型合并到客厅效果图中，从而快速完成沙发、电视柜等复杂模型的创建。

　1　单击 3ds Max 2013 操作界面左上角的 Logo 图标⬡，在弹出的下拉菜单中选择【导入】/【合并】菜单命令，如图 11-31 所示。

　2　在打开的对话框中双击素材提供的"chuanghu.max"文件，如图 11-32 所示。

图 11-31　合并场景

图 11-32　选择场景文件

　3　打开"合并"对话框，选择"窗户"选项，单击 确定 按钮，如图 11-33 所示。

　4　在前视图中按【Alt+B】组合键，选择墙体对象，在打开的对话框中设置 x 轴和 y 轴中心与中心对齐，如图 11-34 所示。

　5　在左视图中通过顶点捕捉将窗户模型对齐到窗框位置，如图 11-35 所示。

　6　合并场景文件，在对话框中双击"电视柜.max"文件，如图 11-35 所示。

　7　打开"合并"对话框，依次单击 全部(A) 按钮和 确定 按钮，如图 11-37 所示。

　8　在菜单栏中选择【组】/【成组】菜单命令，如图 11-38 所示。

　9　打开"组"对话框，在"组名"文本框中输入"电视柜组合"，然后单击 确定 按钮，如图 11-39 所示。

图 11-33　选择场景中的模型

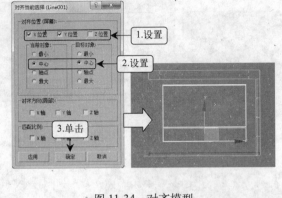

图 11-34　对齐模型

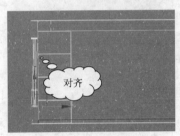

图 11-35　对齐模型

图 11-36　选择场景文件

图 11-37　选择模型

图 11-38　成组模型

10 在透视图中按【Z】键最大化显示组合的模型，按【R】键切换到缩放工具，将模型适当缩小，如图 11-40 所示。

11 依次在顶视图和左视图中将电视柜组合模型放置到客厅右侧，效果如图 11-41 所示。

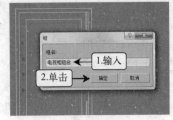

图 11-39　设置组名

图 11-40　缩小模型

图 11-41　移动模型

12 合并提供的"沙发.max"场景文件，在打开的"合并"对话框中依次单击 全部(A) 按钮和 确定 按钮，如图 11-42 所示。

13 打开"重复材质名称"对话框，选中"应用于所有重复情况"复选框，然后单击 使用合并材质 按钮，如图 11-43 所示。

图 11-42　选择模型

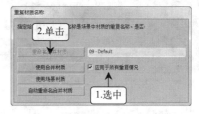

图 11-43　处理材质名称重复的情况

14 将沙发模型成组，组名为"沙发组合"，适当缩小后放置到客厅左侧，效果如图 11-44 所示。

15 按相同方法合并"装饰窗格.max"场景中的所有模型，将其成组，组名为"装饰窗格组合"，适当放大后放置到沙发上方，效果如图 11-45 所示。

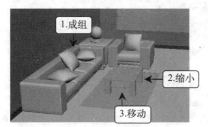

图 11-44　放置沙发组合

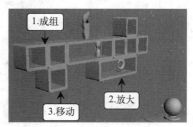

图 11-45　合并装饰窗格组合

11.3.5　为模型赋予材质和贴图

在为模型赋予材质和贴图之前，应对场景中的模型进行适当处理，如解组、分离等操作，以便后面更好地选择对象并统一赋予相同的材质。完成这个步骤后，就可以为材质球制作材质并赋予给场景中的模型了。

1　通过菜单栏中的【组】/【解组】菜单命令将合并到场景中的电视柜组合、沙发组合以及装饰窗格组合解组，如图 11-46 所示。

2　选择茶几模型，按【Alt+Q】组合键孤立编辑，如图 11-47 所示。

图 11-46　解组模型

图 11-47　孤立编辑茶几模型

3 进入可编辑多边形的元素层级，选择中间的元素，利用分离功能将所选对象分离为"茶几玻璃"，如图 11-48 所示。

4 按相同方法通过多边形层级将窗户中的玻璃部分分离为"窗户玻璃"，如图 11-49 所示。

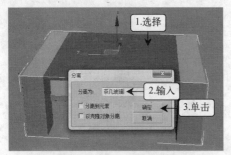
图 11-48　分离对象

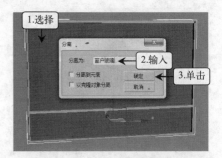
图 11-49　分离对象

5 按【M】键打开"材质编辑器"窗口，为第 1 个材质球赋予材质，名称为"乳胶漆"、类型为"建筑"、模板为"理想的漫反射"，漫反射颜色为"白色"，如图 11-50 所示。

6 选择场景中的天花板和两个吊顶模型，为其赋予设置的材质，如图 11-51 所示。

7 为第 2 个材质球赋予材质，名称为"白木"、类型为"建筑"、模板为"油漆光泽的木材"，漫反射颜色为"白色"，如图 11-52 所示。

图 11-50　设置材质球

图 11-51　赋材质

图 11-52　设置材质球

8 选择场景中的装饰窗格、窗框、地脚线、电视柜和台灯柜模型，为其赋予设置的材质，如图 11-53 所示。

9 为第 3 个材质球赋予材质，名称为"地板"、类型为"建筑"、模板为"油漆光泽的木材"，漫反射贴图为素材提供的"木地板.jpg"图片，如图 11-54 所示。

10 单击贴图按钮，将 U 坐标瓷砖数量更改为"4"，如图 11-55 所示。

图 11-53　赋材质

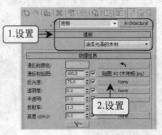
图 11-54　设置材质球

图 11-55　设置贴图

11 选择场景中的地板模型，为其赋予设置的材质，如图 11-56 所示。

12 为第 4 个材质球赋予材质，名称为"墙壁"、类型为"建筑"、模板为"纸"，漫反射贴图为素材提供的"墙纸.jpg"图片，如图 11-57 所示。

13 选择场景中的墙体模型，为其赋予设置的材质，如图 11-58 所示。

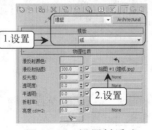

图 11-56　赋材质　　　　　图 11-57　设置材质球　　　　　图 11-58　赋材质

14 为墙体模型添加 UVW 贴图修改器，如图 11-59 所示。

15 将贴图类型设置为"长方体"，U 向平铺和 V 向平铺数量分别设置为"6.0、4.0"，此时墙体上墙纸贴图效果如图 11-60 所示。

16 为第 5 个材质球赋予材质，名称为"不锈钢"、类型为"建筑"、模板为"金属-擦亮的"，漫反射颜色为"白色"，如图 11-61 所示。

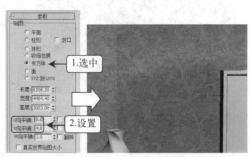

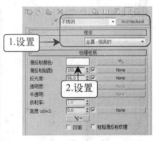

图 11-59　添加修改器　　　图 11-60　设置修改器参数　　　图 11-61　设置材质球

17 选择场景中的射灯、摆件 1、台灯柱模型，为其赋予设置的材质，如图 11-62 所示。

18 为第 6 个材质球赋予材质，名称为"陶瓷"、类型为"建筑"、模板为"瓷砖，光滑的"，漫反射颜色为"白色"，如图 11-63 所示。

19 选择场景中的摆件 2、瓶和罐模型，为其赋予设置的材质，如图 11-64 所示。

图 11-62　赋材质　　　　　图 11-63　设置材质球　　　　　图 11-64　赋材质

20 为第 7 个材质球赋予材质，名称为"玻璃"、类型为"建筑"、模板为"玻璃-清晰"，漫反射颜色为"160、180、200"，如图 11-65 所示。

21 选择场景中的茶几玻璃和窗户玻璃模型，为其赋予设置的材质，如图 11-66 所示。

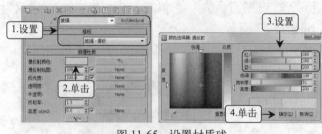

图 11-65　设置材质球　　　　　　　　　　　图 11-66　赋材质

22 为第 8 个材质球赋予材质，名称为"实木"、类型为"建筑"、模板为"油漆光泽的木材"，漫反射贴图为素材提供的"白枫木.jpg"图片，如图 11-67 所示。

23 选择场景中的沙发模型（坐垫和抱枕除外）和茶几模型（茶几玻璃除外），为其赋予设置的材质，如图 11-68 所示。

24 为第 9 个材质球赋予材质，名称为"沙发垫"、类型为"建筑"、模板为"纺织品"，漫反射贴图为素材提供的"沙发布.jpg"图片，如图 11-69 所示。

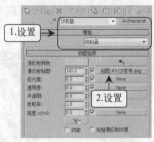

图 11-67　设置材质球　　　　　　图 11-68　赋材质　　　　　　图 11-69　设置材质球

25 选择场景中的所有沙发垫模型，为其赋予设置的材质，如图 11-70 所示。

26 为第 10 个材质球赋予材质，名称为"抱枕"、类型为"建筑"、模板为"纺织品"，漫反射贴图为素材提供的"抱枕布.jpg"图片，如图 11-71 所示。

27 选择场景中的所有抱枕模型，为其赋予设置的材质，如图 11-72 所示。

图 11-70　赋材质　　　　　　图 11-71　设置材质球　　　　　　图 11-72　赋材质

28 为第 11 个材质球赋予材质，名称为"台灯灯泡"、类型为"建筑"、模板为"玻璃-半透明"，漫反射颜色设置为"白色"，反光度、透明度、半透明度以及亮度按如图 11-73 所示进行设置。

29 选择场景中的台灯灯泡模型，为其赋予设置的材质，如图 11-74 所示。

30 为第 12 个材质球赋予材质，名称为"有机塑料"、类型为"建筑"、模板为"塑料"，漫反射颜色为"10、10、10"，反光度为"50.0"，折射率为"1.1"，如图 11-75 所示。

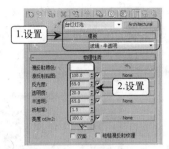

图 11-73 设置材质球

图 11-74 赋材质

31 选择场景中的电视机模型，为其赋予设置的材质，如图 11-76 所示。

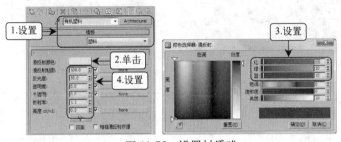

图 11-75 设置材质球

图 11-76 赋材质

32 为第 13 个材质 7403 赋予材质，名称为"液晶屏"、类型为"标准"、漫反射颜色为"50、50、50"，如图 11-77 所示。

33 选择场景中的液晶屏模型，为其赋予设置的材质，如图 11-78 所示。

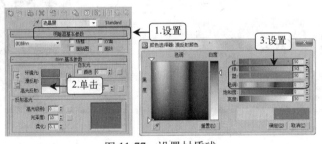

图 11-77 设置材质球

图 11-78 赋材质

34 为第 14 个材质球赋予材质，名称为"地毯"、类型为"建筑"、模板为"纺织品"，漫反射贴图为素材提供的"地毯.jpg"，如图 11-79 所示。

35 单击贴图按钮，将 U 坐标和 V 坐标的瓷砖数量均更改为"10.0"，如图 11-80 所示。

36 选择场景中的地毯模型，为其赋予设置的材质，如图 11-81 所示。

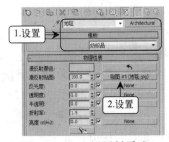

图 11-79 设置材质球

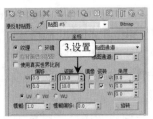

图 11-80 设置贴图

图 11-81 赋材质

37 按【F9】键渲染效果，查看场景中的模型是否遗漏了材质，同时查看材质效果，如不满意，可以重新设置，这里将陶瓷材质球拖动到新的材质球上，更改名称为"蓝色陶瓷"，将漫反射颜色设置为"0、100、150"，如图 11-82 所示。

38 为电视柜上的瓶模型重新赋予设置的材质球，如图 11-83 所示。

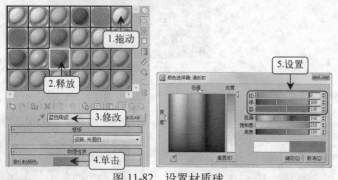

图 11-82　设置材质球　　　　　　　图 11-83　赋材质

39 将"蓝色陶瓷"材质球拖动到新的材质球上，更改名称为"红色陶瓷"，将漫反射颜色设置为"120、30、30"，如图 11-84 所示。

40 为电视柜上的罐模型和装饰窗格上的摆件 2 模型重新赋予设置的材质球，如图 11-85 所示。

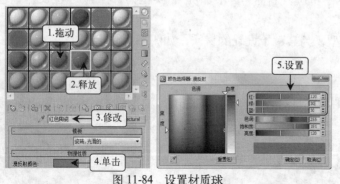

图 11-84　设置材质球　　　　　　　图 11-85　赋材质

11.3.6　添加摄影机和灯光

为模型添加材质与贴图后，接下来在场景中添加一台目标摄影机，然后在场景中央添加一盏泛光灯，并在射灯下添加光度学目标灯光，最后在台灯下方添加一盏泛光灯。

1 在"创建"选项卡中单击"摄影机"按钮，然后单击 目标 按钮，在顶视图中拖动鼠标创建摄影机，如图 11-86 所示。

2 在"修改"选项卡中单击 28mm 按钮，调整摄影机镜头大小，如图 11-87 所示。

3 在顶视图和左视图中调整摄影机的角度和高度，效果如图 11-88 所示。

4 在摄影机上单击鼠标右键，在弹出的快捷菜单中选择"冻结当前选择"命令，将摄影机冻结，以免不小心改变其角度，如图 11-89 所示。

5 在"创建"选项卡中单击"灯光"按钮，在"类型"下拉列表框中选择"标准"选项，然后单击 泛光 按钮，在前视图中单击鼠标创建泛光灯，如图 11-90 所示。

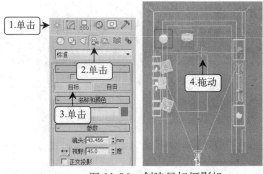

图 11-86　创建目标摄影机

图 11-87　调整摄影机镜头

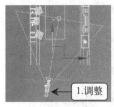

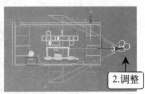

图 11-88　调整摄影机角度

图 11-89　冻结摄影机

6　通过左视图调整泛光灯位置后，在"修改"选项卡中选中"阴影"栏下的"启用"复选框，并将倍增设置为"0.2"，如图 11-91 所示。

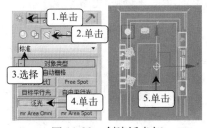

图 11-90　创建泛光灯

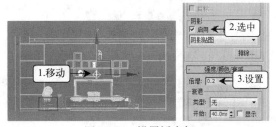

图 11-91　设置泛光灯

7　在前视图中创建类型为光度学的目标灯光，将灯光分布设置为"光度学 Web"，并单击 <选择光度学文件> 按钮，如图 11-92 所示。

8　在打开的对话框中双击素材提供的"筒灯.IES"光域网文件，如图 11-93 所示。

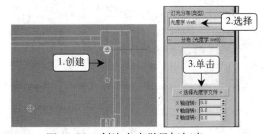

图 11-92　创建光度学目标灯光

图 11-93　选择光域网文件

9　在前视图中将灯光放在射灯模型下方，不能与射灯相连，如图 11-94 所示。

10　在顶视图中将灯光放置在射灯左侧，离墙体稍远一些，如图 11-95 所示。

图 11-94　调整灯光位置

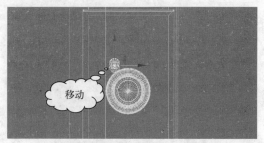

图 11-95　调整灯光位置

11 选择灯光光源对象，在"修改"选项卡中选中"阴影"栏中的"启用"复选框，然后将强度设置为"500cd"，将从（图形）发射光线设置为"点光源"，如图 11-96 所示。

12 通过实例的方式将灯光复制到每个射灯模型下方，如图 11-97 所示。

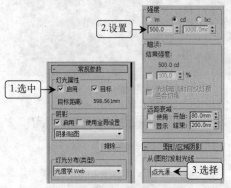

图 11-96　设置灯光参数

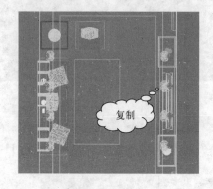

图 11-97　复制灯光

13 在"创建"选项卡中单击 自由灯光 按钮，如图 11-98 所示。

14 在顶视图中单击鼠标创建光度学自由灯光，结合左视图将其放置到台灯灯泡的中心，如图 11-99 所示。

图 11-98　创建自由灯光

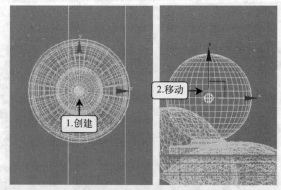

图 11-99　调整灯光位置

15 启用灯光阴影效果，将强度设置为"200cd"，将从（图形）发射光线设置为"球体"，半径为"80.0mm"，如图 11-100 所示。

16 按【F9】键渲染场景，预览灯光效果，如图 11-101 所示。

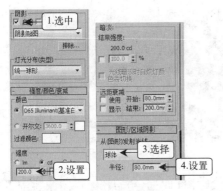

图 11-100　设置灯光参数

图 11-101　渲染场景

11.3.7　设置光能传递与渲染出图

通过渲染场景可以发现有些模型的背面无法接受到灯光照明，这与现实世界中的情况有所差别，因为现实世界中的光线可以通过反射、折射等照射到对象的背面，所以下面将通过光能传递技术，计算场景中灯光的反射和折射路径和强度，模拟出现实世界的照明效果，然后渲染出图。

1　按【9】键打开"渲染设置"对话框，单击"高级照明"选项卡，在"选择高级照明"卷展栏的下拉列表框中选择"光能传递"选项，将优化迭代次数（所有对象）设置为"2"，如图 11-102 所示。

2　单击"光能传递网格参数"卷展栏，选中"全局细分设置"栏中的"启用"复选框，在"灯光设置"栏中取消选中"包括天光"复选框，然后选中"在细分中包括自发射面"复选框，如图 11-103 所示。

3　在"光能传递处理参数"卷展栏中单击 开始 按钮，开始计算场景中的光能传递数据，如图 11-104 所示。

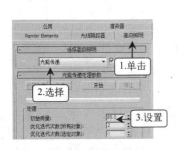

图 11-102　选择光能传递技术

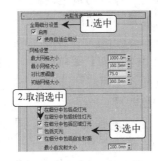

图 11-103　设置网格参数

图 11-104　计算光能传递数据

4　计算完成后，单击对话框下方的 渲染 按钮，如图 11-105 所示。

5　开始渲染场景，完成后得到的效果如图 11-106 所示。

6　单击"交互工具"栏中的 设置… 按钮，在打开对话框的"曝光控制"卷展栏的下拉列表框中选择"对数曝光控制"选项，并设置亮度、对比度分别为"60.0、55.0"，如图 11-107 所示。

图 11-105　渲染场景

图 11-106　渲染效果

7 渲染场景，达到需要的效果后便可单击渲染帧窗口左上角的"保存图像"按钮 ，在打开的对话框中将保存类型设置为"TIF 图像文件"，文件名设置为"客厅效果图"，依次单击 保存(S) 按钮和 确定 按钮即可，如图 11-108 所示。

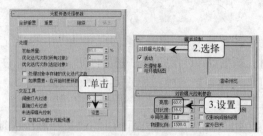

图 11-107　设置曝光控制参数

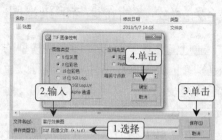

图 11-108　保存图像

11.4　疑难解答

1. 问：为什么案例中的墙体有一面是空的呢？不是应该有过道或门之类的对象吗？

答：当规划好效果图上需要出现的内容后，其他不用体现出来的对象就可以在建模时忽略，这不仅能提高工作效率，而且对计算机的负担也相对更小。不过对于需要从各个角度体现效果图的情况，就要考虑哪些对象是不能忽略的了。

2. 问：冻结摄影机后，不容易在场景中看到该对象，有什么办法调整一下它的颜色呢？

答：选择【自定义】/【自定义用户界面】菜单命令，在打开的对话框中单击"颜色"选项卡，在"元素"下拉列表框中选择"几何体"选项，并在下方的列表框中选择"冻结"选项，然后利用右侧的颜色条更改颜色即可。

3. 问：场景中的模型太多了，很难选到某些灯光，遇到这种情况该怎么办呢？

答：在 3ds Max 2013 工具栏中，选择工具的左侧有一个下拉列表框，它可以筛选出当前活动的对象，包括全部、几何体、图形、灯光以及摄影机等类别，如果需要对灯光进行设置，则可在该下拉列表框中选择"灯光"选项，这样场景中的非灯光选项将处于非活动状态。

11.5　课后练习

1. 新建并保存场景，设置单位为毫米，按照案例介绍的方法创建如图 11-109 所示的场景模型。

提示：

（1）窗户模型利用 3ds Max 2013 提供的现有推拉窗创建。

（2）吸顶灯模型利用圆柱体转可编辑多边形创建。

（3）橱柜门拉手利用线和圆形进行倒角剖面创建。

2．为场景模型添加材质和贴图。

提示：

（1）窗户使用多维/子对象类型的材质。

（2）不能正确显示贴图的模型需添加 UVW 贴图坐标。

3．在场景中添加目标摄影机和光度学灯光自由灯光。

提示：灯光为 200cd 的点光源，放置在吸顶灯内部。

4．为场景环境添加背景贴图，然后利用光能传递技术渲染场景，参考效果如图 11-110 所示（效果文件：效果\第 11 章\课后练习\厨房效果图.max）。

提示：场景亮度利用对数曝光控制参数调节。

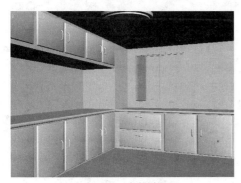

图 11-109 场景模型

图 11-110 渲染效果